四元数
Quaternion

今野紀雄 著
Konno Norio

森北出版株式会社

● 本書のサポート情報を当社Webサイトに掲載する場合があります．下記のURLにアクセスし，サポートの案内をご覧ください．

https://www.morikita.co.jp/support/

● 本書の内容に関するご質問は，森北出版 出版部「(書名を明記)」係宛に書面にて，もしくは下記のe-mailアドレスまでお願いします．なお，電話でのご質問には応じかねますので，あらかじめご了承ください．

editor@morikita.co.jp

● 本書により得られた情報の使用から生じるいかなる損害についても，当社および本書の著者は責任を負わないものとします．

■ 本書に記載している製品名，商標および登録商標は，各権利者に帰属します．

■ 本書を無断で複写複製（電子化を含む）することは，著作権法上での例外を除き，禁じられています．複写される場合は，そのつど事前に（一社）出版者著作権管理機構（電話03-5244-5088, FAX03-5244-5089, e-mail：info@jcopy.or.jp）の許諾を得てください．また本書を代行業者等の第三者に依頼してスキャンやデジタル化することは，たとえ個人や家庭内での利用であっても一切認められておりません．

まえがき

　本書は四元数をはじめて学ぶ人のための入門書である．

　じつは，私自身が研究する過程で四元数を学習する必要に迫られたが，かゆい所に手が届く，四元数についてコンパクトに必要最小限のことが体系的に書かれている日本語の入門書がなかなかないことに気がついた．また，最近は四元数を用いた画像処理や信号処理などの応用が注目されていることもあり，この種の本があれば便利に思う人が多いのではないかと思った．以上のような理由で，四元数に関する論文や洋書を読み，それと並行して，大学での授業や研究室セミナーのテキストや配布資料を作成しているなかでできあがったのが本書である．

　本書は2部構成である．第I部は四元数の基本的な性質を扱う基本編，第II部はそれを用いた応用編である．応用編でのテーマは，多項式と方程式，行列，回転，固有値問題に絞った．とくに，1次方程式，2次方程式の解法，左固有値と右固有値の導出などは，類書にはない内容であり，詳しく扱っている．なお，四元数を用いたフーリエ解析も興味深い内容であるが，まだ研究途上の部分も多く，今回は1.2節で簡単に紹介するにとどめた．また，説明のすぐ後に関連する問題を用意し，順次解くことで本文の理解を確認，そして深めることができるように工夫した．

　参考文献では，本書で直接引用した論文や本だけでなく，本文中ではとくに指摘はしなかったが参考にした文献も記した．

　最後になったが，本書をチェックしていただいた，佐藤巌さん，三橋秀生さん，竹居正登さん，吉田聖弥君，斉藤渓君，安永侑也君，そして，授業での受講生の皆さんに感謝する．

2016年10月　横浜本牧にて

今野 紀雄

目 次

第Ⅰ部 四元数の基礎

第1章 四元数とは何か ——————————————— 2
    1.1 四元数の性質　2
    1.2 四元数の応用　4
    1.3 四元数誕生の経緯　4

第2章 複素数の定義と性質 ——————————————— 7
    2.1 複素数の定義　7
    2.2 複素数の性質　8
    2.3 複素数の極形式　11

第3章 四元数の定義と性質 ——————————————— 15
    3.1 四元数の定義　15
    3.2 四元数の諸性質　19
    3.3 積の行列表示　28
    3.4 四元数の極形式　29

第Ⅱ部 四元数の広がり

第4章 四元数の方程式 ——————————————— 38
    4.1 1次方程式　38
    4.2 簡単な2次方程式　50
    4.3 一般の2次方程式　53
    4.4 一般の次数の方程式　58

第5章 四元数行列 ——————————————— 61
    5.1 四元数行列の性質　61
    5.2 正規直交基底の作り方　64
    5.3 四元数とパウリ行列　65

第6章 複素数と回転 ——————————————— 71
    6.1 平面のベクトル　71
    6.2 平面の回転　76
    6.3 平面の回転と複素数　78

第7章　四元数と回転 —— 81
- 7.1 空間のベクトル　81
- 7.2 空間の回転　86
- 7.3 外積を用いた回転　88
- 7.4 空間の回転と四元数　92
- 7.5 空間の回転の行列表現　95
- 7.6 Cauchy–Lagrange の恒等式　99

第8章　固有値問題 —— 101
- 8.1 複素数行列の場合　101
- 8.2 左固有値と右固有値　102
- 8.3 左固有値の特徴づけ　109
- 8.4 ベキ零　112
- 8.5 右固有値の特徴づけ　112

付録　四元数量子ウォーク —— 119
- A.1 四元数量子ウォークの定義　119
- A.2 四元数量子ウォークの分布　122
- A.3 パスの重み　125

問題の解答　127

参考文献　139

索　引　141

記号一覧

$\mathbb{Z} = \{0, \pm 1, \pm 2, \pm 3, \ldots\}$：整数全体の集合

$\mathbb{R}$：実数全体の集合

$\mathbb{C}$：複素数全体の集合

$\mathbb{H}$：四元数全体の集合

$\mathbb{S}_{\mathbb{H}}^3 = \{x = x_1 i + x_2 j + x_3 k \in \mathbb{H} : x_1^2 + x_2^2 + x_3^2 = 1\}$

$\Re(x) : x \in \mathbb{H}$ の実部

$\Im(x) : x \in \mathbb{H}$ の虚部

$U_n(\mathbb{C}) : n \times n$ の複素数を成分にもつユニタリ行列全体の集合

$U_n(\mathbb{H}) : n \times n$ の四元数を成分にもつユニタリ行列全体の集合

$I = I_n : n \times n$ の単位行列

$O = O_n : n \times n$ のゼロ行列

A^*：行列 A の共役転置行列

$M_{m \times n}(\mathbb{R})$：実数を成分にもつ $m \times n$ 行列全体

$M_n(\mathbb{R}) : M_{m \times n}(\mathbb{R})$ の，とくに $m = n$ の場合

$M_{m \times n}(\mathbb{C})$：複素数を成分にもつ $m \times n$ 行列全体

$M_n(\mathbb{C}) : M_{m \times n}(\mathbb{C})$ の，とくに $m = n$ の場合

$M_{m \times n}(\mathbb{H})$：四元数を成分にもつ $m \times n$ 行列全体

$M_n(\mathbb{H}) : M_{m \times n}(\mathbb{H})$ の，とくに $m = n$ の場合

$\langle A \mid B \rangle = \operatorname{tr}(A^* B)$：トレース内積

デルタ測度 $\delta_x : \delta_x(y) = \begin{cases} 1 & (y = x) \\ 0 & (y \neq x) \end{cases}$

定義関数 $I_A : I_A(x) = \begin{cases} 1 & (x \in A) \\ 0 & (x \notin A) \end{cases}$

第 I 部

四元数の基礎

第1章

四元数とは何か

本書の最初の章でもあるので，この章では，四元数の特有の性質，その応用，なぜ生まれたのかについて簡単に述べたい．

1.1 四元数の性質

複素数の拡張の一つである「四元数」は，1843年にハミルトン（1805–1865）によって発見された．その経緯については，本章の最後で少し触れることとし，はじめに，実数，複素数，四元数の関係とそれらの違いについて，方程式の解の性質を例に紹介しよう．そのために，ちょっと粗い問題設定ではあるが，2次方程式 $x^2 + 1 = 0$ の解の個数について考えてみる．方程式は，$x^2 = -1$ と書き直したほうがわかりやすいかもしれない．

まず，解を考える世界を「実数」だけに限る．そうすると $x^2 \geq 0$ が成り立つので，$x^2 = -1$ とならず，解は存在しない．すなわち，解の個数は 0 である．

つぎに，解の世界を「複素数」まで広げよう．複素数 z は実数 a, b を用いて，$z = a + bi$ と表される数である．ここで，i は虚数単位とよばれる数で，$i = \sqrt{-1}$ とも表され，$i^2 = -1$ をみたす．なお，$b = 0$ ならば $z = a$ なので，実数になる．

このとき，$x^2 + 1 = 0$ の解は，$x = i$ と $x = -i$ の 2 個存在することがわかる．実際，$x = i$ が解になることは，i のみたす関係式 $i^2 = -1$ そのものであるため明らかである．一方，$x = -i$ も解になることは，$(-i)^2 = i^2 = -1$ より導かれる．

じつは，下記の複素数の係数 $a_{n-1}, a_{n-2}, \ldots, a_1, a_0$ をもつ n 次方程式は，重複を許せばちょうど n 個の解をもつ．つまり，複素数まで拡張すると，方程式の次数と解の個数が一致するのだ．その点でも，複素数は「筋のよい」数といえよう．

$$x^n + a_{n-1}x^{n-1} + a_{n-2}x^{n-2} + \cdots + a_1 x + a_0 = 0$$

ここで，重複を許すとは，たとえば $x^3 = 0$ の解 $x = 0$ は，3 個と数えることである．たしかに，上記のように $x^2 + 1 = 0$ は 2 個の解をもつ．この結果は代数学の基本定理ともよばれ，1799 年にガウス（1777–1855）によって証明された．なお，ガウスは

生涯にいくつかの別証明を考えた.

それではつぎに,「四元数」でどうなるかをみていこう. 四元数とは, 実数 a, b, c, d によって $z = a + bi + cj + dk$ と表され, i, j, k は以下の関係式をみたす数である.

$$i^2 = j^2 = k^2 = -1,$$
$$ij = -ji = k, \quad jk = -kj = i, \quad ki = -ik = j$$

ここで, $c = d = 0$ ならば $z = a + bi$ なので, 複素数になることに注意しよう. よって, 四元数は複素数を拡張した数であるということができる.

前置きが長くなったが, この複素数を拡張した四元数の世界（図 1.1 を参照）で, 2 次方程式「$x^2 + 1 = 0$」の解の個数を求めてみよう.

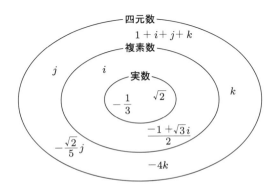

図 1.1 四元数の世界

まず, i だけでなく, j や k も $j^2 = k^2 = -1$ をみたすので, i, j, k が解になる. つまり, 解の個数は 2 個だけではなく, 少なくとも 3 個以上であることがわかる. つぎに, $-i, -j, -k$ も解であることも確かめられるから, 少なくとも解の個数は 6 個であることが導かれる. それどころか, 第 4 章で解説するように, じつは「無限個！」存在することが示せるのだ.

また関連する問題として, 2 次方程式「$x^2 - 1 = 0$」の場合はどうであろうか. 今度は, これも第 4 章で触れるように, 四元数の世界に広げても複素数の場合と同じ, $x = \pm 1$ の 2 個しか解がないことがわかる.

このように, 四元数まで拡張すると, 2 次方程式の解の個数ですら, 2 個の場合があったり, あるいは無限個の場合があったりと, 一筋縄にはいかない.

別の話題であるが, 第 8 章で詳しく解説する固有値問題も, 四元数まで拡張されたことにより, 複素数だけを扱ったのでは見えなかった新しい景色が見えてくる. 具体的には, 固有値問題で固有値を求めるときには, 複素数の範囲では固有方程式を行列式を用いて解く. しかし四元数の場合には, 四元数が非可換のため, 左固有値と右固

有値の 2 種類を区別する必要があり，しかも四元数を成分にもつ行列式の定義も一つではなく，この問題も一筋縄にはいかない．

1.2 四元数の応用

つぎに，四元数の応用について述べる．複素数が平面の回転を表せるが，四元数は空間の回転を表せる．詳細は第 7 章で説明するが，空間の点 P をベクトル **a** の周りに θ だけ回転させる表現を得るには，点 P に対応する四元数 $p = p_1 i + p_2 j + p_3 k$ と，さらにベクトル **a** と回転角 θ から決まる四元数 q を用いると，（行列の相似変換にも対応する）qpq^{-1} の形で簡単に表現することができる．この表現は，3 次元のコンピュータグラフィックス（CG）や航空機の制御などに応用されている．

本書では扱わないが，別の重要な応用として，四元数を用いたフーリエ解析の手法は，画像処理や信号処理などで用いられている．通常のフーリエ変換は，関数 $f : \mathbb{R} \to \mathbb{R}$ と $\xi \in \mathbb{R}$ に対して，

$$\mathcal{F}[f](\xi) = \int_{\mathbb{R}} f(x) \, e^{-i\xi x} dx \tag{1.1}$$

で定められる†．ここで，$\mathbb{R}$ は実数全体の集合とする．上記の式 (1.1) を四元数に拡張するときは，たとえば，その非可換性から，関数 $f : \mathbb{R}^2 \to \mathbb{R}$ と $\xi_1, \xi_2 \in \mathbb{R}$ に対して，下記のように種々の定義があり得る．

$$\mathcal{F}[f](\xi_1, \xi_2) = \int_{\mathbb{R}^2} f(x_1, x_2) \, e^{-i\xi_1 x_1} \, e^{-j\xi_2 x_2} dx_1 dx_2,$$

$$\mathcal{F}[f](\xi_1, \xi_2) = \int_{\mathbb{R}^2} e^{-i\xi_1 x_1} \, f(x_1, x_2) \, e^{-j\xi_2 x_2} dx_1 dx_2,$$

$$\mathcal{F}[f](\xi_1, \xi_2) = \int_{\mathbb{R}^2} e^{-i\xi_1 x_1} \, e^{-j\xi_2 x_2} \, f(x_1, x_2) dx_1 dx_2$$

具体的な応用例の詳細は文献 [12], [13] を参照してほしい．

1.3 四元数誕生の経緯

最後に，ハミルトンが四元数を発見するきっかけとなった「三元数が存在しない」問題を考えてみよう．もともとハミルトンは，複素数の拡張として三元数の存在を示そうとしていたのである．四元数が四つの基底 $\{1, i, j, k\}$ で表されるので，二つの基

---

† 定数をかけたり，i の符号を入れかえて定義されることもあるので注意を要する．

底 $\{1, i\}$ からなる複素数を「二元数」とよぶことは可能であろう．とすると，なぜ「二」と「四」との間の「三元数」が存在しないのであろうか．

三元数が存在するかどうか確かめるために，絶対値について考えよう．一般に，複素数 $x = x_0 + x_1 i$ $(x_0, x_1 \in \mathbb{R})$ に対して，絶対値 $|x|$ は $\sqrt{x_0^2 + x_1^2}$ で与えられる．同様にして，四元数 $x = x_0 + x_1 i + x_2 j + x_3 k$ $(x_0, x_1, x_2, x_3 \in \mathbb{R})$ に対して，絶対値 $|x|$ は $\sqrt{x_0^2 + x_1^2 + x_2^2 + x_3^2}$ で定められる．このとき，どちらの場合も $|xy| = |x||y|$ が成立している（四元数の場合には，第 3 章の命題 3.3 で，その結果（と証明）が与えられている）．

では，まだ我々は四元数を知らないと仮定し，複素数を拡張する三元数の候補として，基底 $\{1, i\}$ を $\{1, i, j\}$ に拡張した，三元数 $x = x_0 + x_1 i + x_2 j$ $(x_0, x_1, x_2 \in \mathbb{R})$ を導入することを考えよう．そして，複素数と同様に，絶対値 $|x|$ は $\sqrt{x_0^2 + x_1^2 + x_2^2}$ とおき，以下，三元数でも $|xy| = |x||y|$ が成立するかどうか検討しよう．

その前に，ウォーミングアップとして，複素数の場合に $|xy| = |x||y|$ が成立するかどうか確かめてみる．$y = y_0 + y_1 i$ $(y_0, y_1 \in \mathbb{R})$ とおくと，

$$\begin{aligned}xy &= (x_0 + x_1 i)(y_0 + y_1 i) \\ &= (x_0 y_0 - x_1 y_1) + (x_0 y_1 + x_1 y_0)i\end{aligned}$$

なので，

$$\begin{aligned}|xy|^2 &= (x_0 y_0 - x_1 y_1)^2 + (x_0 y_1 + x_1 y_0)^2 \\ &= x_0^2 y_0^2 + x_1^2 y_1^2 + x_0^2 y_1^2 + x_1^2 y_0^2 \\ &= (x_0^2 + x_1^2)(y_0^2 + y_1^2) \\ &= |x|^2 |y|^2\end{aligned}$$

が得られる．ゆえに，$|xy| = |x||y|$ がたしかに成り立っている．

つぎに，三元数の場合を試みる．同様に，$y = y_0 + y_1 i + y_2 j$ $(y_0, y_1, y_2 \in \mathbb{R})$ とおき，実数と $\{i, j\}$ は可換として xy を計算すると，

$$\begin{aligned}xy &= (x_0 + x_1 i + x_2 j)(y_0 + y_1 i + y_2 j) \\ &= (x_0 y_0 - x_1 y_1) + (x_0 y_1 + x_1 y_0)i + (x_0 y_2 + x_2 y_0)j \\ &\quad + (x_1 y_2)(ij) + (x_2 y_1)(ji) + x_2 y_2 (j^2)\end{aligned}$$

ここで，$i^2 = -1$ と同様に $j^2 = -1$ とし，それを用いると，

$$\begin{aligned}xy &= (x_0 y_0 - x_1 y_1 - x_2 y_2) + (x_0 y_1 + x_1 y_0)i + (x_0 y_2 + x_2 y_0)j \\ &\quad + (x_1 y_2)(ij) + (x_2 y_1)(ji) \end{aligned} \tag{1.2}$$

が得られる．一方，$|xy| = |x||y|$ が三元数でも成立するように（つまり $|xy|^2 = |x|^2|y|^2$ が成立するように），$|x|^2|y|^2$ を式 (1.2) をながめつつ分解すると，

$$\begin{aligned}|x|^2|y|^2 &= (x_0^2 + x_1^2 + x_2^2)(y_0^2 + y_1^2 + y_2^2) \\ &= (x_0y_0 - x_1y_1 - x_2y_2)^2 + (x_0y_1 + x_1y_0)^2 \\ &\quad + (x_0y_2 + x_2y_0)^2 + (x_1y_2 - x_2y_1)^2\end{aligned} \quad (1.3)$$

が導かれる．そして，式 (1.2) と式 (1.3) を見比べると，たとえば，$ij = -ji = k$ をみたす $\{1, i, j\}$ 以外の第 4 番目の数「k」の必要性が示唆される．これが「三元数」が存在しないからくり（そして「四元数の発見」への道筋）の一つである．

詳細は省くが，$|xy| = |x||y|$ が成り立つ数は，実数，複素数，四元数のほかに「八元数」しか存在しないことが知られている．この周辺の詳細は，たとえば文献 [1],[2],[3],[6],[7] を参考にしてほしい．

第2章 複素数の定義と性質

四元数は複素数を拡張した数である．したがって本章では，四元数を学ぶ準備として，まず複素数について学習する．すでによくご存じの方は，記号だけ確認し，ざっとながめていただければ結構である．

2.1 複素数の定義

$\mathbb{R}$ を実数全体の集合としよう．**複素数** (complex number) とは，$x = x_0 + x_1 i$ $(x_0, x_1 \in \mathbb{R})$ と表されるものである．ただし，i は**虚数単位** (imaginary unit) とよばれ[†]，以下の関係式をみたす．

$$i^2 = -1$$

なお，i は $i = \sqrt{-1}$ と表されることもある．$x_1 = 0$ のときは x は実数になるので，その意味で複素数は実数を拡張したものである．

さて，複素数全体の集合を $\mathbb{C}$ と表そう．また，とくに断らないかぎり，$x = x_0 + x_1 i \in \mathbb{C}$ のような表記のときは $x_0, x_1 \in \mathbb{R}$ とする．また，

$$x_0 + x_1 i = y_0 + y_1 i$$

と $x_0 = y_0$, $x_1 = y_1$ とが同値である．したがって，

$$x_0 + x_1 i = 0$$

と $x_0 = x_1 = 0$ とが同値になる．

さて，$x_0, x_1, y_0, y_1 \in \mathbb{R}$ としたとき，$x = x_0 + x_1 i$, $y = y_0 + y_1 i \in \mathbb{C}$ に対して，和と差を，

$$x + y = (x_0 + y_0) + (x_1 + y_1)i,$$
$$x - y = (x_0 - y_0) + (x_1 - y_1)i$$

[†] i は，imaginary の頭文字からとられている．ただし，i を電流などの意味の記号として使う場合は，別の記号（j など）が使われることがあるので注意．

と定める．一方，積に関しては，
$$xy = x_0y_0 - x_1y_1 + (x_0y_1 + x_1y_0)i \tag{2.1}$$
とする．以下，肩ならしのつもりで問題を解いてみよう．これ以降も同様に，説明の後に関連する問題が用意されているので，これらを解いて理解を深めよう．

問題 2.1 $x = 1 + 2i$, $y = 3 + 4i$ のとき，xy を求めよ．

さて，式 (2.1) で $x = y$ とすると，以下が導かれる．
$$x^2 = x_0^2 - x_1^2 + 2x_0x_1 i \tag{2.2}$$

問題 2.2 $x = 1 + i$ のとき，x^2 を求めよ．

最後に，商に関しては，$y \neq 0$ に対して，
$$\frac{x}{y} = \frac{x_0y_0 + x_1y_1}{y_0^2 + y_1^2} + \left(\frac{-x_0y_1 + x_1y_0}{y_0^2 + y_1^2}\right)i \tag{2.3}$$
とする．

問題 2.3 $x = i$, $y = 1 + i$ に対して，x/y を求めよ．

2.2 複素数の性質

まず，複素数の基本的な性質をまとめておこう．

命題 2.1 複素数 $x, y, z \in \mathbb{C}$ に対して，以下が成立する．
1. 和の結合法則　$(x + y) + z = x + (y + z)$
2. 積の結合法則　$(xy)z = x(yz)$
3. 和の可換法則　$x + y = y + x$
4. 積の可換法則　$xy = yx$
5. 分配法則　　　$x(y + z) = xy + xz$

上の命題 2.1 の 4 でも述べているように，複素数 x, y の場合には，$xy = yx$ という「積の可換法則が成立する」が，四元数の場合には，たとえば $ij \neq ji$ なので，一般に「積の可換法則は成立しない」，すなわち「非可換である」ことに注意する．この「可換」（複素数）と「非可換」（四元数）との違いは非常に大きい．

2.2 複素数の性質

$x = x_0 + x_1 i,\ y = y_0 + y_1 i \in \mathbb{C}$ に対して，以下を x と y との**内積** (inner product) といい，$\langle x, y \rangle$ で表す．すなわち，

$$\langle x, y \rangle = x_0 y_0 + x_1 y_1 \tag{2.4}$$

である．以下，内積を具体的に計算してみよう．

問題 2.4 $x = 1 + i$ に対して，$\langle x, x \rangle$ を求めよ．

問題 2.5 $x = 1 + i,\ y = i$ に対して，$\langle x, y \rangle$ を求めよ．

問題 2.6 $x = 1 + i,\ y = 1 - i$ に対して，$\langle x, y \rangle$ を求めよ．

つぎに，$x = x_0 + x_1 i \in \mathbb{C}$ に対して，x の**実部** (real part) を x_0 とし，$\Re(x)$ で表す．また，x の**虚部** (imaginary part) を $x_1 i$ とし，$\Im(x)$ で表す．通常は $\Im(x) = x_1$ と表すが，後の四元数との対応で，$x_1 i$ としておくので，とくに注意してほしい．

また，x の**共役** (conjugate) を

$$x^* = \overline{x} = x_0 - x_1 i$$

とし，x^* を**共役複素数** (conjugate complex number) とよぶ．複素数だけ考えるときは $\overline{x}$ という記号が通常使われるが，四元数の場合には x^* のほうがなじむので（x を行列のように考えるため），本書では x^* を主に使う．

問題 2.7 以下を示せ．

$$xx^* = x^*x \tag{2.5}$$

上の式 (2.4) と式 (2.5) より，

$$\langle x, x \rangle = xx^* = x^*x = x_0^2 + x_1^2 \tag{2.6}$$

が成立していることがわかる．

x の**絶対値** $|x|$ (absolute value, modulus) を以下で定める．

$$|x| = \sqrt{\langle x, x \rangle}$$

式 (2.6) より，

$$|x| = \sqrt{\langle x, x \rangle} = \sqrt{xx^*} = \sqrt{x^*x} = \sqrt{x_0^2 + x_1^2}$$

が成り立つ．

また，上式より，$|x| = 0$ と $x = 0$ が同値であることが導かれる．実際，$|x| = 0$

から，$x_0^2 + x_1^2 = 0$ がわかり，ゆえに，x_0, x_1 は実数なので $x_0 = x_1 = 0$ となり，$x = 0$ が得られる．逆は明らかである．

問題 2.8 $|1 + 2i|$ を求めよ．

問題 2.9 $x = 1 + 2i$ に対して，$\langle x, x^* \rangle$ を求めよ．

以下に複素数の諸性質をまとめる．自明のため証明は省く．

命題 2.2 複素数 x, y に対して，以下が成立する．

1. $(x^*)^* = x$
2. $(x + y)^* = x^* + y^*$
3. $(xy)^* = x^* y^*$
4. $\left(\dfrac{x}{y}\right)^* = \dfrac{x^*}{y^*}$, ただし，$y \neq 0$
5. $|x|^2 = x x^*$
6. $|x| = |x^*|$
7. $|x + y| \leq |x| + |y|$
8. $|xy| = |x||y|$
9. $|x|^2 + |y|^2 = \dfrac{1}{2}\left(|x + y|^2 + |x - y|^2\right)$
10. $x = x_0 + x_1 i$ とする．$x_0 = \Re(x) = \dfrac{x + x^*}{2}$, $x_1 i = \Im(x) = \left(\dfrac{x - x^*}{2}\right) i$
11. x が実数 $\Leftrightarrow$ $x = x^*$
    (ただし，$A \Leftrightarrow B$ は A と B が同値であることを表す．)

$x \in \mathbb{C}$ で $|x| = 1$ のとき，x は**単位複素数** (unit complex number) という．たとえば，以下は単位複素数である．

$$1, \quad -1, \quad i, \quad \dfrac{1 + i}{\sqrt{2}}$$

さて，$x \, (\neq 0)$ に対して $xy = 1$ となるような y は，x の**逆元** (inverse element) といい，x^{-1} と表す．このとき，$x \neq 0$ であることに注意しよう．定義から $xx^{-1} = 1$ であるが，複素数は可換なので，$x^{-1} x = 1$ も成り立っている．

そして，x の逆元は，具体的につぎで与えられ，また，これしか存在しない．

$$x^{-1} = \dfrac{x^*}{|x|^2}$$

実際に，
$$xx^{-1} = x\frac{x^*}{|x|^2} = \frac{xx^*}{|x|^2} = \frac{|x|^2}{|x|^2} = 1$$
が成り立つ．

問題 2.10 $(1+i)^{-1}$ を求めよ．

問題 2.11 $|x^{-1}| = 1/|x|$ を示せ．

問題 2.12 $(xy)^{-1} = x^{-1}y^{-1}$ を示せ．

2.3 複素数の極形式

複素数を直交座標でなく極座標で表すこともある．複素数 $x = x_0 + x_1 i$ とその極座標 (r, θ) との関係は，以下で定義される．ただし，$r > 0, \theta \in [0, 2\pi)$ かつ $x \neq 0$ とする（図 2.1 参照）．

$$x = x_0 + x_1 i = r(\cos\theta + \sin\theta\, i)$$

ここで，
$$r = |x| = \sqrt{x_0^2 + x_1^2}, \quad \theta = \tan^{-1}\left(\frac{x_1}{x_0}\right) = \arctan\left(\frac{x_1}{x_0}\right)$$

である．また，以下が成り立つ．
$$x_0 = r\cos\theta, \quad x_1 = r\sin\theta$$

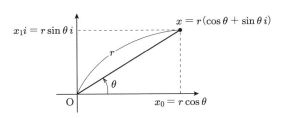

図 2.1 極座標表示

問題 2.13 $x = 1 + i$ のとき，r と θ を求めよ．

問題 2.14 $x = -1$ のとき，r と θ を求めよ．

ここで，つぎの有名な公式を紹介する．

> **命題 2.3　オイラーの公式**
>
> 任意の $\theta \in \mathbb{R}$ に対して，つぎが成り立つ．
> $$e^{\theta i} = \cos\theta + \sin\theta\, i$$

命題 2.3 から，たとえば，以下が成り立つ．
$$e^{\pi i/4} = \cos\left(\frac{\pi}{4}\right) + \sin\left(\frac{\pi}{4}\right)i = \frac{1}{\sqrt{2}} + \frac{1}{\sqrt{2}}i \tag{2.7}$$

さらに，この命題からは，以下の定理が成り立つこともわかる．

> **定理 2.1　極形式**
>
> 任意の $x = x_0 + x_1 i\ (\neq 0) \in \mathbb{C}$ に対して，
> $$x = re^{\theta i}$$
> と表せる．ただし r, θ は，つぎで与えられる．
> $$r = |x| = \sqrt{x_0^2 + x_1^2}, \quad \theta = \tan^{-1}\left(\frac{x_1}{x_0}\right)$$

この θ は**偏角**（argument, phase）とよばれ，$\arg x$ あるいは $\arg(x)$ と書く．偏角の定義より，以下が成り立つ．

> **命題 2.4**　任意の $x \in \mathbb{C}$ に対して，つぎが成り立つ．
> $$\arg(x^*) = -\arg(x)$$

問題 2.15　$1 + i$ を極形式 $x = re^{\theta i}$ の形で表せ．

問題 2.16　$-1,\ 1-i,\ \sqrt{3}-i$ を，それぞれ極形式 $x = re^{\theta i}$ の形で表せ．

さらに，オイラーの公式と三角関数の加法定理から，以下の指数法則が得られる．

> **定理 2.2　指数法則**
>
> 任意の $\theta_1, \theta_2 \in \mathbb{R}$ に対して，つぎが成り立つ．
> $$e^{\theta_1 i} e^{\theta_2 i} = e^{(\theta_1 + \theta_2)i}$$

そして，オイラーの公式とこの指数法則より，$\{\cos(\theta) + \sin(\theta)\,i\}^n = (e^{\theta i})^n = e^{n\theta i} = \cos(n\theta) + \sin(n\theta)\,i$ となるので，つぎが導かれる．

> **系 2.1** ド・モアブルの公式
>
> $\theta \in \mathbb{R}$ に対して,
> $$\{\cos(\theta) + \sin(\theta)\, i\}^n = \cos(n\theta) + \sin(n\theta)\, i \quad (n = 1, 2, \ldots)$$

たとえば,これを用いると,式 (2.7) に注意して $\theta = \pi/4$ としたとき,

$$\left(\frac{1+i}{\sqrt{2}}\right)^4 = \cos(\pi) + \sin(\pi)\, i = -1$$

のように計算できるので,$(1+i)/\sqrt{2}$ の 4 乗が簡単に求められる.

この章では,つぎの章で解説する四元数との対応を多少意識しつつ,急ぎ足で複素数の復習をした.次章からは,いよいよ本格的に四元数について学ぶ.

第3章 四元数の定義と性質

この章では,四元数を導入し,その簡単な性質について紹介する.とくに,二つの四元数が相似であるという関係は非常に重要である.また,四元数の積の行列表示や極形式についても学ぶ.

3.1 四元数の定義

四元数 (quaternion) とは,$x = x_0 + x_1 i + x_2 j + x_3 k$ $(x_0, x_1, x_2, x_3 \in \mathbb{R})$ と表され,i, j, k は以下の関係式をみたすものである.

$$i^2 = j^2 = k^2 = -1 \tag{3.1}$$

$$ij = -ji = k, \quad jk = -kj = i, \quad ki = -ik = j \tag{3.2}$$

本書では,四元数全体の集合を,発見者として有名なハミルトン (Hamilton) の頭文字をとり $\mathbb{H}$ と表すことにする.四元数 (quaternion) の英語表記の頭文字をとって,$\mathbb{Q}$ と表している本や論文もあるので注意しよう[†1].

また,とくに断らないかぎり,$x = x_0 + x_1 i + x_2 j + x_3 k \in \mathbb{H}$ のような表記のときは,$x_0, x_1, x_2, x_3 \in \mathbb{R}$ と考える.

とくに $x_2 = x_3 = 0$ の場合,$x = x_0 + x_1 i$ $(x_0, x_1 \in \mathbb{R})$ で表される数は**複素数**である.逆にみれば,四元数は複素数の拡張になっている.つまり四元数は,i のほかに j, k が登場し,$x = x_0 + x_1 i + x_2 j + x_3 k$ $(x_0, x_1, x_2, x_3 \in \mathbb{R})$ と表されるものである.

後でも述べるが,四元数も複素数と同様に,積の順番によらないという積の結合法則が成り立っている[†2].たとえば,これを用いて ijk を計算すると,

$$ijk = (ij)k = k^2 = -1$$

となる.また,$ijk = i(jk) = i^2 = -1$ なので,計算の順を変えても,$ijk = -1$ と

[†1] $\mathbb{Q}$ は有理数全体を表すこともあるので,本書では $\mathbb{H}$ を採用する.
[†2] 和の順番によらない,和の結合法則も成り立っている.

たしかに等しくなっている．このように，積の結合法則が成り立っているので，順番にはよらず等しい値になる．したがって，どちらか一方で計算すればよい．以下，積の結合法則を用いて，つぎの問題を解いて簡単な四元数の計算になれよう．

例 3.1 $ijkij$ を求める．たとえば，$ijkij = (ijk)(ij) = (-1)k = -k$ というように，かけ算を分解することで計算できる．また，計算手順は複数あるが，結果は一致する．

問題 3.1 $ijkijk$ を求めよ．

問題 3.2 $kjkik$ を求めよ．

また，
$$x_0 + x_1 i + x_2 j + x_3 k = y_0 + y_1 i + y_2 j + y_3 k$$
と $x_0 = y_0,\ x_1 = y_1,\ x_2 = y_2,\ x_3 = y_3$ とが同値である．したがって，
$$x_0 + x_1 i + x_2 j + x_3 k = 0$$
と $x_0 = x_1 = x_2 = x_3 = 0$ とが同値になる．

さて，$x = x_0 + x_1 i + x_2 j + x_3 k,\ y = y_0 + y_1 i + y_2 j + y_3 k \in \mathbb{H}$ に対して，和を
$$x + y = (x_0 + y_0) + (x_1 + y_1)i + (x_2 + y_2)j + (x_3 + y_3)k$$
と定める．なお，差は
$$x - y = (x_0 - y_0) + (x_1 - y_1)i + (x_2 - y_2)j + (x_3 - y_3)k$$
である．これらは複素数の計算と大きな違いはない．

問題 3.3 $x = 1 + i + j + k,\ y = 1 - 2i + 3j - 4k$ のとき，$x + y$ を求めよ．

問題 3.4 $x = 1 + i + j + k,\ y = 1 - i - j - k$ のとき，$x + y$ を求めよ．

一方，積に関しては，
$$\begin{aligned}
xy = {}& x_0 y_0 - x_1 y_1 - x_2 y_2 - x_3 y_3 \\
& + (x_0 y_1 + x_1 y_0 + x_2 y_3 - x_3 y_2)i \\
& + (x_0 y_2 - x_1 y_3 + x_2 y_0 + x_3 y_1)j \\
& + (x_0 y_3 + x_1 y_2 - x_2 y_1 + x_3 y_0)k
\end{aligned} \tag{3.3}$$

であり，複素数の場合に比べてかなり煩雑になる．符号のミスなども含め，計算も間違いやすくなるので留意する必要がある．

問題 3.5 $x = 1+i$, $y = j+k$ のとき，xy を求めよ．

問題 3.6 $x = 1+i+j+k$, $y = 1-i-j-k$ のとき，xy を求めよ．

問題 3.7 $x \in \mathbb{H}$ に対してただ一組の $c_1, c_2 \in \mathbb{C}$ が存在して，$x = c_1 + c_2 j$ と表せることを示せ．

問題 3.8 $x \in \mathbb{H}$ に対してただ一組の $d_1, d_2 \in \mathbb{C}$ が存在して，$x = d_1 + j d_2$ と表せることを示せ．

さて，式 (3.3) で $x = y$ とすると，以下が導かれる．この結果は後で頻繁に用いられる．たとえば，2次方程式 $x^2 = a$ $(a \in \mathbb{H})$ を解くときに用いられる（第 4 章で学ぶ）．

命題 3.1 $x = x_0 + x_1 i + x_2 j + x_3 k \in \mathbb{H}$ に対して，つぎが成り立つ．
$$x^2 = x_0^2 - x_1^2 - x_2^2 - x_3^2 + 2x_0(x_1 i + x_2 j + x_3 k)$$
とくに，$x_0 = 0$ のときは，つぎが成り立つ．
$$x^2 = -(x_1^2 + x_2^2 + x_3^2)$$

問題 3.9 $x = 1+i+j+k$ に対して，x^2 を求めよ．

問題 3.10 $xy + yx$ を求めよ．

$x = x_0 + x_1 i + x_2 j + x_3 k$, $y = y_0 + y_1 i + y_2 j + y_3 k \in \mathbb{H}$ に対して，以下を x と y との**内積**といい，$\langle x, y \rangle$ で表す．すなわち，
$$\langle x, y \rangle = x_0 y_0 + x_1 y_1 + x_2 y_2 + x_3 y_3 \tag{3.4}$$
である．

問題 3.11 $x = 1+i+j+k$ に対して，$\langle x, x \rangle$ を求めよ．

問題 3.12 $x = 1+i+j+k$, $y = 1+i-j-k$ に対して，$\langle x, y \rangle$ を求めよ．

つぎに，$x = x_0 + x_1 i + x_2 j + x_3 k \in \mathbb{H}$ に対して，x の**実部**を x_0 とし，$\Re(x)$ で表す．また，x の**虚部**を $x_1 i + x_2 j + x_3 k$ とし，$\Im(x)$ で表す．複素数の場合 ($x_2 = x_3 = 0$) は，$\Im(x) = x_1 i$ である．

問題 3.13 $\Re(1+i+j+k)$, $\Im(1+i+j+k)$ を求めよ．

また，x の**共役**を
$$x^* = \bar{x} = x_0 - x_1 i - x_2 j - x_3 k \tag{3.5}$$

とする．

問題 3.14 $x = 1 + i + j + k$ のとき，x^* を求めよ．

問題 3.15 $x = 1 + i + j + k$ に対して，$\langle x, x^* \rangle$ を求めよ．

問題 3.16 $\Im(x)\Im(y) + \Im(y)\Im(x) = -2(x_1 y_1 + x_2 y_2 + x_3 y_3)$ を示せ．なお，これにより，$\Im(x)\Im(y) + \Im(y)\Im(x) \in \mathbb{R}$ であることがわかる．

問題 3.17 以下を示せ．
$$xx^* = x^*x = x_0^2 + x_1^2 + x_2^2 + x_3^2 \tag{3.6}$$

上の式 (3.4) と式 (3.6) より，
$$\langle x, x \rangle = xx^* = x^*x = x_0^2 + x_1^2 + x_2^2 + x_3^2 \tag{3.7}$$
が成立していることがわかる．

また，x の**絶対値** $|x|$ を以下で定める．
$$|x| = \sqrt{\langle x, x \rangle}$$

式 (3.7) より，
$$|x| = \sqrt{\langle x, x \rangle} = \sqrt{xx^*} = \sqrt{x^*x} = \sqrt{x_0^2 + x_1^2 + x_2^2 + x_3^2}$$

が成り立つ．上式より，$|x| = 0$ と $x = 0$ が同値であることが，複素数の場合と同様に以下のように導かれる．$|x| = 0$ から，$x_0^2 + x_1^2 + x_2^2 + x_3^2 = 0$ がわかる．ゆえに，x_n $(n = 0, 1, 2, 3)$ はすべて実数なので $x_0 = x_1 = x_2 = x_3 = 0$ となり，$x = 0$ が得られる．逆は明らかである．

問題 3.18 $|1 + i - j - 2k|$ を求めよ．

$x \in \mathbb{H}$ で $|x| = 1$ のとき，x は**単位四元数**（unit quaternion）とよばれる．たとえば，以下は単位四元数である．
$$1, \quad i, \quad j, \quad k, \quad \frac{j+k}{\sqrt{2}}, \quad \frac{1+i+j+k}{2}$$

以下，いままでに学んだ四元数の諸性質を用いて，問題を解いてみよう．

問題 3.19 $x = 1 + i + j + k$ に対して，$\Re(x), \Im(x), x^* = \bar{x}, |x|$ を求めよ．

問題 3.20 $x = x^*$ と $x \in \mathbb{R}$ とは同値であることを示せ．

問題 3.21 以下を示せ．

$$\Im(x)^2 = -|\Im(x)|^2 \tag{3.8}$$

問題 3.22 $n = 0, 1, 2, \ldots$ に対して，以下を示せ．
$$\Im(x)^{2n} = (-1)^n |\Im(x)|^{2n}, \quad \Im(x)^{2n+1} = (-1)^n |\Im(x)|^{2n} \Im(x) \tag{3.9}$$

問題 3.23 以下を示せ．
$$x^2 = \Re(x)^2 - |\Im(x)|^2 + 2\Re(x)\Im(x) \tag{3.10}$$

問題 3.24 以下を示せ．
$$x^3 = \Re(x)^3 - 3\Re(x)|\Im(x)|^2 + (3\Re(x)^2 - |\Im(x)|^2)\Im(x) \tag{3.11}$$

問題 3.25 x と x^* は，$t^2 - 2\Re(x)t + |x|^2 = 0$ の解であることを示せ．

3.2 四元数の諸性質

3.2.1 四元数の演算法則

この節では，四元数の基本的な性質について学ぶ．まず，自明な性質を整理する．

> **命題 3.2** $x, y, z \in \mathbb{H}$ に対して，以下が成り立つ．
> 1. 和の結合法則 $(x + y) + z = x + (y + z)$
> 2. 積の結合法則 $(xy)z = x(yz)$
> 3. 和の可換法則 $x + y = y + x$
> 4. 一般に，積の可換法則 $xy = yx$ は成立しない
> 5. 分配法則　$x(y + z) = xy + xz$, $(x + y)z = xz + yz$

とくに，複素数では 4 の「積の可換法則」が成立したので，ここは四元数と複素数との大きな違いである．実際，$ij \neq ji$ である．さらに，以下の性質がある．

> **命題 3.3** $x, y, z \in \mathbb{H}$ に対して，以下が成り立つ．
> 1. $(x + y)^* = x^* + y^*$
> 2. $xx^* = x^*x$
> 3. $(xy)^* = y^*x^*$
> 4. 一般に，$(xy)^* \neq x^*y^*$
> 5. $|x| = |x^*|$

6 $|x+y| \leq |x| + |y|$
7 $|xy| = |yx| = |x||y|$
8 $|x|^2 + |y|^2 = \dfrac{1}{2}\left(|x+y|^2 + |x-y|^2\right)$

ここで 4 に関して，複素数では $(xy)^* = x^*y^*$ が成立したので，四元数と複素数との違いに注意しよう．

命題 3.3 の証明 計算が複雑な 6, 7, 8 のみ示す．
6 まず，以下に注意する．

$$\begin{aligned}
(|x|+|y|)^2 &- |x+y|^2 \\
&= (|x|^2 + 2|x||y| + |y|^2) \\
&\quad - \{(x_0+y_0)^2 + (x_1+y_1)^2 + (x_2+y_2)^2 + (x_3+y_3)^2\} \\
&= 2\{|x||y| - (x_0y_0 + x_1y_1 + x_2y_2 + x_3y_3)\}
\end{aligned} \tag{3.12}$$

一方，つぎが成り立つ．

$$\begin{aligned}
|x|^2|y|^2 &- (x_0y_0 + x_1y_1 + x_2y_2 + x_3y_3)^2 \\
&= (x_0^2 + x_1^2 + x_2^2 + x_3^2)(y_0^2 + y_1^2 + y_2^2 + y_3^2) \\
&\quad - (x_0y_0 + x_1y_1 + x_2y_2 + x_3y_3)^2 \\
&= (x_0y_1 - x_1y_0)^2 + (x_0y_2 - x_2y_0)^2 + (x_0y_3 - x_3y_0)^2 \\
&\quad + (x_1y_2 - x_2y_1)^2 + (x_1y_3 - x_3y_1)^2 + (x_2y_3 - x_3y_2)^2 \\
&\geq 0
\end{aligned} \tag{3.13}$$

式 (3.12) と式 (3.13) を組み合わせると，求めたい不等式が得られる．
7 まず，

$$\begin{aligned}
xy = {}& x_0y_0 - x_1y_1 - x_2y_2 - x_3y_3 \\
&+ (x_0y_1 + x_1y_0 + x_2y_3 - x_3y_2)i \\
&+ (x_0y_2 - x_1y_3 + x_2y_0 + x_3y_1)j \\
&+ (x_0y_3 + x_1y_2 - x_2y_1 + x_3y_0)k
\end{aligned}$$

に注意する．したがって，示したい式（$|xy| = |x||y|$, すなわち，$|xy|^2 = |x|^2|y|^2$）に向かって式変形すると，つぎが導かれる．

$$\begin{aligned}
|xy|^2 = {}& (x_0y_0 - x_1y_1 - x_2y_2 - x_3y_3)^2 + (x_0y_1 + x_1y_0 + x_2y_3 - x_3y_2)^2 \\
&+ (x_0y_2 - x_1y_3 + x_2y_0 + x_3y_1)^2 + (x_0y_3 + x_1y_2 - x_2y_1 + x_3y_0)^2
\end{aligned}$$

$$\begin{aligned}&= (x_0^2 + x_1^2 + x_2^2 + x_3^2)(y_0^2 + y_1^2 + y_2^2 + y_3^2)\\&= |x|^2|y|^2\end{aligned}$$

また，x と y を入れかえると，$|yx| = |y||x| = |x||y| (= |xy|)$ なので，$|yx| = |x||y|$ が得られる．

8 以下の計算より示される．

$$\begin{aligned}|x+y|^2 + |x-y|^2 &= \{(x+y)(x+y)^* + (x-y)(x-y)^*\}\\&= \{(x+y)(x^*+y^*) + (x-y)(x^*-y^*)\}\\&= 2xx^* + 2yy^* + yx^* + xy^* - yx^* - xy^*\\&= 2(|x|^2 + |y|^2)\end{aligned}$$ □

以下の結果も重要である．

> **命題 3.4**
> 1 任意の $x \in \mathbb{H}$ に対して，ある $|u| = 1$ をみたす $u \in \mathbb{H}$ が存在して，$x = |x|u$ と表せる．
> 2 任意の $x \in \mathbb{H}$ に対して $ax = xa$ であることと，$a \in \mathbb{R}$ は同値である．

証明 1 $x = 0$ なら明らかなので，$x \neq 0$ とする．このとき，$u = x/|x|$ とおけば，$|u| = 1$ となる．
2 $a \in \mathbb{R}$ ならば，任意の $x \in \mathbb{H}$ に対して $ax = xa$ であることは明らかなので，逆を示せばよい．$a = a_0 + a_1 i + a_2 j + a_3 k \in \mathbb{H}$ とおき，$x = i$ とすると，

$$(a_0 + a_1 i + a_2 j + a_3 k)i = a_0 i - a_1 - a_2 k + a_3 j$$

かつ

$$i(a_0 + a_1 i + a_2 j + a_3 k) = a_0 i - a_1 + a_2 k - a_3 j$$

より，$a_2 = a_3 = 0$ が導かれる．さらに，$x = j$ として，

$$(a_0 + a_1 i)j = a_0 j + a_1 k$$

かつ

$$j(a_0 + a_1 i) = a_0 i - a_1 k$$

なので，$a_1 = 0$ となる．ゆえに，$a = a_0 \in \mathbb{R}$ が導かれる．そして，$x = i, j$ だけでなく，任意の $x \in \mathbb{H}$ に対しても，$a \in \mathbb{R}$ であれば $ax = xa$ は成り立つので，逆も示された． □

さて，$x\,(\neq 0)$ の**逆元**は，以下で与えられる．

$$x^{-1} = \frac{x^*}{|x|^2}$$

実際に，

$$xx^{-1} = x\frac{x^*}{|x|^2} = \frac{xx^*}{|x|^2} = \frac{|x|^2}{|x|^2} = 1$$

が成り立ち，$xx^* = x^*x$ に注意すれば，$x^{-1}x = 1$ も確かめられる．以下，具体的な問題をいくつか解いてみよう．

問題 3.26 $|x^{-1}| = 1/|x|$ を示せ．

問題 3.27 $(xy)^{-1} = y^{-1}x^{-1}$ を示せ．

問題 3.28 j^{-1} を求めよ．

問題 3.29 $x = (i+j)/\sqrt{2}$ のとき，x^{-1} を求めよ．

問題 3.30 $x = 1 + i + j + k$ のとき，x^{-1} を求めよ．

3.2.2 四元数の計算例

さらに，以下のような関係がある．このような結果は，本文の内容を理解する，あるいは計算を確認するうえで助けとなろう．

命題 3.5 四元数の左右から同じ虚数単位をかけたとき

任意の $x = x_0 + x_1 i + x_2 j + x_3 k \in \mathbb{H}$ に対して，以下が成り立つ．

1. $ixi = -x_0 - x_1 i + x_2 j + x_3 k$
2. $ix^*i = -x_0 + x_1 i - x_2 j - x_3 k$
3. $jxj = -x_0 + x_1 i - x_2 j + x_3 k$
4. $jx^*j = -x_0 - x_1 i + x_2 j - x_3 k$
5. $kxk = -x_0 + x_1 i + x_2 j - x_3 k$
6. $kx^*k = -x_0 - x_1 i - x_2 j + x_3 k$
7. $x^* = -\dfrac{1}{2}(x + ixi + jxj + kxk)$
8. $x = \dfrac{1}{2}(x + x^*) + \dfrac{1}{2}(x + ix^*i) + \dfrac{1}{2}(x + jx^*j) + \dfrac{1}{2}(x + kx^*k)$

問題 3.31 以下を示せ.

$$x + ixi = 2x_2j + 2x_3k, \quad x - ixi = 2x_0 + 2x_1i,$$
$$x + jxj = 2x_1i + 2x_3k, \quad x - jxj = 2x_0 + 2x_2j,$$
$$x + kxk = 2x_1i + 2x_2j, \quad x - kxk = 2x_0 + 2x_2k$$

また, 以下のような性質もある.

> **命題 3.6** 四元数の左右から異なる虚数単位をかけたとき
>
> 任意の $x = x_0 + x_1i + x_2j + x_3k \in \mathbb{H}$ に対して, 以下が成り立つ.
> 1. $ixj = x_3 - x_2i - x_1j + x_0k$
> 2. $ix^*j = -x_3 + x_2i + x_1j + x_0k$
> 3. $jxi = -x_3 - x_2i - x_1j - x_0k$
> 4. $jx^*i = x_3 + x_2i + x_1j - x_0k$
> 5. $ixk = -x_2 - x_3i - x_0j - x_1k$
> 6. $ix^*k = x_2 + x_3i - x_0j + x_1k$
> 7. $kxi = x_2 - x_3i + x_0j - x_1k$
> 8. $kx^*i = -x_2 + x_3i + x_0j + x_1k$
> 9. $jxk = x_1 + x_0i - x_3j - x_2k$
> 10. $jx^*k = -x_1 + x_0i + x_3j + x_2k$
> 11. $kxj = -x_1 - x_0i - x_3j - x_2k$
> 12. $kx^*j = x_1 - x_0i + x_3j + x_2k$

問題 3.32 $ixj + jxi$, $ixk + kxi$, $jxk + kxj$ を求めよ.

問題 3.33 $ix^*j + jx^*i$, $ix^*k + kx^*i$, $jx^*k + kx^*j$ を求めよ.

同様な性質として, さらに以下も列挙しておく.

> **命題 3.7** 虚数単位の左右から四元数をかけたとき
>
> 任意の $x = x_0 + x_1i + x_2j + x_3k \in \mathbb{H}$ に対して, 以下が成り立つ.
> 1. $xix = -2x_0x_1 + \left(x_0^2 - x_1^2 + x_2^2 + x_3^2\right)i - 2x_1x_2j - 2x_1x_3k$
> 2. $xix^* = \left(x_0^2 + x_1^2 - x_2^2 - x_3^2\right)i + 2\left(x_0x_3 + x_1x_2\right)j + 2\left(-x_0x_2 + x_1x_3\right)k$

$$
\begin{aligned}
&3 \quad x^*ix = \left(x_0^2 + x_1^2 - x_2^2 - x_3^2\right)i + 2\left(-x_0x_3 + x_1x_2\right)j + 2\left(x_0x_2 + x_1x_3\right)k \\
&4 \quad x^*ix^* = 2x_0x_1 + \left(x_0^2 - x_1^2 + x_2^2 + x_3^2\right)i - 2x_1x_2 j - 2x_1x_3 k \\
&5 \quad xjx = -2x_0x_2 - 2x_1x_2 i + \left(x_0^2 + x_1^2 - x_2^2 + x_3^2\right)j - 2x_2x_3 k \\
&6 \quad xjx^* = 2\left(-x_0x_3 + x_1x_2\right)i + \left(x_0^2 - x_1^2 + x_2^2 - x_3^2\right)j + 2\left(x_0x_1 + x_2x_3\right)k \\
&7 \quad x^*jx = 2\left(x_0x_3 + x_1x_2\right)i + \left(x_0^2 - x_1^2 + x_2^2 - x_3^2\right)j + 2\left(-x_0x_1 + x_2x_3\right)k \\
&8 \quad x^*jx^* = 2x_0x_2 - 2x_1x_2 i + \left(x_0^2 + x_1^2 - x_2^2 + x_3^2\right)j - 2x_2x_3 k \\
&9 \quad xkx = -2x_0x_3 - 2x_1x_3 i - 2x_2x_3 j + \left(x_0^2 + x_1^2 + x_2^2 - x_3^2\right)k \\
&10 \quad xkx^* = 2\left(x_0x_2 + x_1x_3\right)i + 2\left(-x_0x_1 + x_2x_3\right)j + \left(x_0^2 - x_1^2 - x_2^2 + x_3^2\right)k \\
&11 \quad x^*kx = 2\left(-x_0x_2 + x_1x_3\right)i + 2\left(x_0x_1 + x_2x_3\right)j + \left(x_0^2 - x_1^2 - x_2^2 + x_3^2\right)k \\
&12 \quad x^*kx^* = 2x_0x_3 - 2x_1x_3 i - 2x_2x_3 j + \left(x_0^2 + x_1^2 + x_2^2 - x_3^2\right)k
\end{aligned}
$$

たとえば,命題 3.7 の 1 と 4 より,$(xix)^* = -x^*ix^*$ であり,xix と x^*ix^* は実部だけ符号が異なることがわかる.また,$(xix^*)^* = -xix^*$ であり,xix^* に実部がないこともわかる.ほかも同様である.

3.2.3 同値関係

さて,$x, y \in \mathbb{H}$ に対してある $u\,(\neq 0) \in \mathbb{H}$ が存在して,$u^{-1}xu = y$ が成り立つとき,x と y とは**相似である** (similar) といい,$x \sim y$ で表す.また,そのような u が存在しないとき,x と y とは相似でないといい,$x \not\sim y$ と表す.この相似の概念は,四元数を扱うときに非常に重要である.

さらに,$\sim$ は**同値関係** (equivalence relation) を与え,x の同値類を $[x]$ と書く.たとえば,

$$-i \in [i] \tag{3.14}$$

である.なぜなら,$u = j$ とすると $u^{-1} = -j$ なので,$-jij = -i$ となるからである.また,$j \in [i]$ もいえる.それは,$x = i$ に対して,たとえば $u = (i+j)/\sqrt{2}$ とすると,$u^{-1} = (-i-j)/\sqrt{2}$ なので,$u^{-1}xu = j$ となるからである.後でみるように,$x^* \in [x]$ も成り立つ.また $x \in \mathbb{R}$ のときは,$u^{-1}xu = xu^{-1}u = x$ となるので,$[x] = \{x\}$ となる.したがって,$x, y \in \mathbb{R}$ で $x \neq y$ ならば,$[x] \neq [y]$ である.

以下,いくつかの問題を通じて,この相似の概念を深く理解しよう.

問題 3.34 $k \in [i]$ を示せ.

問題 3.35 〜 は同値関係を与えること，すなわち，以下を示せ．
(1) $x \sim x$ （反射律）
(2) $x \sim y$ ならば，$y \sim x$ （対称律）
(3) $x \sim y, y \sim z$ ならば，$x \sim z$ （推移律）

問題 3.36 $x \sim y$ は，ある単位四元数 v（すなわち，$|v|=1$）が存在して，$v^{-1}xv = y$ が成り立つことと定義してもよいことを示せ．

問題 3.37 $x \sim y$ のとき，$|x| = |y|$ が成り立つことを示せ．

問題 3.38 $q = q_0 + q_1 i \in \mathbb{C}$ ($q_0, q_1 \in \mathbb{R}$) のとき，$q \sim q_0 + \sqrt{q_1^2} i$ を示せ．なお，この結果より，たとえば $q_0 = 0, q_1 = -1$ とすると，$-i \sim i$ が得られる．

命題 3.8 $q = q_0 + q_1 i + q_2 j + q_3 k \in \mathbb{H}$ に対して，$q \sim q_0 + \sqrt{q_1^2 + q_2^2 + q_3^2}\, i$ である．

証明 $q = q_0 + q_1 i + q_2 j + q_3 k \in \mathbb{H}$ に対して，ある $x\,(\neq 0) \in \mathbb{H}$ が存在して，$qx = x(q_0 + \sqrt{q_1^2 + q_2^2 + q_3^2}\, i)$ となることを示せばよい．$q_2 = q_3 = 0$ のときは問題 3.38 に帰着されるので，$q_2^2 + q_3^2 \neq 0$ の場合だけを考えればよい．実際にこのときは，x として，

$$x = \left(\sqrt{q_1^2 + q_2^2 + q_3^2} + q_1\right) - q_3 j + q_2 k$$

が求めるものである． □

上の命題を用いると $j \sim i, -j \sim i$ が導かれるので，同値関係の推移律より $j \sim -j$ が得られる．同様に $k \sim -k$ も得られる．

以下，相似についてさらに理解を深めるために，$p = p_0 + p_1 i + p_2 j + p_3 k$, $q = q_0 + q_1 i + q_2 j + q_3 k \in \mathbb{H}$ に対して，$q^{-1}pq$ を具体的に求めよう．ただし，$q \neq 0$ とする．まず，

$$\begin{aligned} q^{-1}pq &= q^{-1}(p_0 + p_1 i + p_2 j + p_3 k)q \\ &= \frac{1}{|q|^2} q^*(p_0 + p_1 i + p_2 j + p_3 k)q \\ &= p_0 + \frac{1}{|q|^2}\{p_1(q^* i q) + p_2(q^* j q) + p_3(q^* k q)\} \\ &\equiv p_0 + \frac{J}{|q|^2} \end{aligned}$$

となり，以下，J を命題 3.7 の 3, 7, 11 を用いて計算する．

第 3 章 四元数の定義と性質

$$\begin{aligned}
J &= p_1(q^*iq) + p_2(q^*jq) + p_3(q^*kq) \\
&= p_1\left\{\left(q_0^2 + q_1^2 - q_2^2 - q_3^2\right)i + 2\left(-q_0q_3 + q_1q_2\right)j + 2\left(q_0q_2 + q_1q_3\right)k\right\} \\
&\quad + p_2\left\{2\left(q_0q_3 + q_1q_2\right)i + \left(q_0^2 - q_1^2 + q_2^2 - q_3^2\right)j + 2\left(-q_0q_1 + q_2q_3\right)k\right\} \\
&\quad + p_3\left\{2\left(-q_0q_2 + q_1q_3\right)i + 2\left(q_0q_1 + q_2q_3\right)j + \left(q_0^2 - q_1^2 - q_2^2 + q_3^2\right)k\right\} \\
&= \left\{q_0^2 - \left(q_1^2 + q_2^2 + q_3^2\right)\right\}(p_1 i + p_2 j + p_3 k) \\
&\quad + 2\left(p_1 q_1 + p_2 q_2 + p_3 q_3\right)(q_1 i + q_2 j + q_3 k) \\
&\quad + 2q_0\left\{(p_2 q_3 - p_3 q_2)i + (p_3 q_1 - p_1 q_3)j + (p_1 q_2 - p_2 q_1)k\right\}
\end{aligned}$$

以上をまとめると，つぎの重要な結果を得る．

命題 3.9 $p = p_0 + p_1 i + p_2 j + p_3 k, q = q_0 + q_1 i + q_2 j + q_3 k\ (\neq 0) \in \mathbb{H}$ に対して，

$$q^{-1} p q = p_0 + \frac{J}{|q|^2}$$

が成り立つ．ただし，

$$\begin{aligned}
J &= \left\{q_0^2 - \left(q_1^2 + q_2^2 + q_3^2\right)\right\}(p_1 i + p_2 j + p_3 k) \\
&\quad + 2\left(p_1 q_1 + p_2 q_2 + p_3 q_3\right)(q_1 i + q_2 j + q_3 k) \\
&\quad + 2q_0\left\{(p_2 q_3 - p_3 q_2)i + (p_3 q_1 - p_1 q_3)j + (p_1 q_2 - p_2 q_1)k\right\}
\end{aligned}$$

である．

同様の計算は，第 7 章「四元数と回転」でも行う．

問題 3.39 上の命題 3.9 を用いて，$j \in [i]$ を示せ．

さて，命題 3.9 より，

$$\Re\left(q^{-1} p q\right) = p_0 \tag{3.15}$$

$$\Im\left(q^{-1} p q\right) = \frac{J}{|q|^2} \tag{3.16}$$

が得られる．また，つぎのように J を表そう．

$$\begin{aligned}
J &= \left\{\Re(q)^2 - |\Im(q)|^2\right\}\Im(p) + 2\langle\Im(p), \Im(q)\rangle\Im(q) \\
&\quad + 2q_0\left\{(p_2 q_3 - p_3 q_2)i + (p_3 q_1 - p_1 q_3)j + (p_1 q_2 - p_2 q_1)k\right\}
\end{aligned}$$

ここで，$\langle\Im(p), \Im(q)\rangle = p_1 q_1 + p_2 q_2 + p_3 q_3$ に注意しよう．このとき，$|J|^2$ は以下のように計算できる．

$$\begin{aligned}
|J|^2 &= \left(\Re(q)^2 - |\Im(q)|^2\right)^2 |\Im(p)|^2 + 4\langle\Im(p),\Im(q)\rangle^2 |\Im(q)|^2 \\
&\quad + 4\Re(q)^2 \left(|\Im(p)|^2|\Im(q)|^2 - \langle\Im(p),\Im(q)\rangle^2\right) \\
&\quad + 4\left(\Re(q)^2 - |\Im(q)|^2\right)\langle\Im(p),\Im(q)\rangle^2 \\
&= |q|^4|\Im(p)|^2
\end{aligned}$$

上の結果と式 (3.16) より,

$$|\Im\left(q^{-1}pq\right)|^2 = \frac{|J|^2}{|q|^4} = |\Im(p)|^2$$

が得られる．ゆえに，以上のことから，つぎの結果が導かれる．

命題 3.10 $p = p_0 + p_1 i + p_2 j + p_3 k, q = q_0 + q_1 i + q_2 j + q_3 k \in \mathbb{H}$ に対して，$p' = q^{-1}pq = p'_0 + p'_1 i + p'_2 j + p'_3 k$ とおく．ただし，$q \neq 0$ とする．このとき，以下が成り立つ．

$$\Re(p') = \Re(p), \quad |\Im(p')| = |\Im(p)|$$

すなわち，$p' \sim p$ ならば，以下が成り立つ．

$$p'_0 = p_0, \quad (p'_1)^2 + (p'_2)^2 + (p'_3)^2 = p_1^2 + p_2^2 + p_3^2$$

じつはその逆である以下の結果も得られている．これは Brenner (1951)[9]，Au-Yeung (1984)[10] による．

定理 3.1 $x = x_0 + x_1 i + x_2 j + x_3 k,\ y = y_0 + y_1 i + y_2 j + y_3 k \in \mathbb{H}$ に対して，$x \sim y$ と以下は同値である．
1. $x_0 = y_0$　すなわち，$\Re(x) = \Re(y)$
2. $x_1^2 + x_2^2 + x_3^2 = y_1^2 + y_2^2 + y_3^2$　すなわち，$|\Im(x)| = |\Im(y)|$

したがって，この定理の条件 1 と 2 が，$x \sim y$ の必要十分条件であるという重要な結果が得られる．ゆえに，以下の結果がただちに得られる．

系 3.1 $x \sim x^*$

3.3 積の行列表示

四元数の積の計算は煩雑なことが多い．しかし，行列を用いるときれいに表現でき，扱いやすいことがあるので，それについて紹介しよう．まず，複素数の場合を考える．$x = x_0 + x_1 i \in \mathbb{C}$ を

$$x = \begin{bmatrix} x_0 \\ x_1 \end{bmatrix}$$

と同一視しよう．すると，$x = x_0 + x_1 i$, $y = y_0 + y_1 i \in \mathbb{C}$ のとき，$xy = (x_0 y_0 - x_1 y_1) + (x_1 y_0 + x_0 y_1)i$ なので，

$$xy = \begin{bmatrix} x_0 y_0 - x_1 y_1 \\ x_1 y_0 + x_0 y_1 \end{bmatrix}$$

と同一視できる．したがって，行列表示すると，

$$xy = \begin{bmatrix} x_0 & -x_1 \\ x_1 & x_0 \end{bmatrix} \begin{bmatrix} y_0 \\ y_1 \end{bmatrix}$$

と表せる．

つぎに，四元数の場合を考える．$x = x_0 + x_1 i + x_2 j + x_3 k \in \mathbb{H}$ を

$$x = \begin{bmatrix} x_0 \\ x_1 \\ x_2 \\ x_3 \end{bmatrix}$$

と同一視しよう．同様にして，$x = x_0 + x_1 i + x_2 j + x_3 k$, $y = y_0 + y_1 i + y_2 j + y_3 k \in \mathbb{H}$ に対して，式 (3.3) より，

$$xy = \begin{bmatrix} x_0 & -x_1 & -x_2 & -x_3 \\ x_1 & x_0 & -x_3 & x_2 \\ x_2 & x_3 & x_0 & -x_1 \\ x_3 & -x_2 & x_1 & x_0 \end{bmatrix} \begin{bmatrix} y_0 \\ y_1 \\ y_2 \\ y_3 \end{bmatrix}$$

となる．この表式は，第 4 章で 1 次方程式 $ax - xb = c$ $(a, b, c \in \mathbb{H})$ を解くときにも用いられる．

問題 3.40 xy の行列表示を用いて，$x = y = 1 + i + j + k$ のときの xy を計算せよ．

3.4 四元数の極形式

複素数を極座標で表すように,四元数を同様な極形式で表現することを考える.
まず,命題 3.1 より, $x = x_0 + x_1 i + x_2 j + x_3 k \in \mathbb{H}$ に対して,
$$x^2 = x_0^2 - x_1^2 - x_2^2 - x_3^2 + 2x_0(x_1 i + x_2 j + x_3 k)$$
が成り立っていたので,とくに, $w = w_1 i + w_2 j + w_3 k \in \mathbb{H}$ に対しては,
$$w^2 = -w_1^2 - w_2^2 - w_3^2 = -|w|^2$$
が得られる.したがって,
$$w^2 = -|w|^2, \quad w^3 = -w|w|^2, \quad w^4 = |w|^4, \quad w^5 = w|w|^4, \quad \cdots$$
が導かれる.すなわち,
$$w^{2m} = (-1)^m |w|^{2m}, \quad w^{2m+1} = (-1)^m w |w|^{2m} \quad (m = 1, 2, \ldots) \tag{3.17}$$
が得られる.じつは,すでに問題 3.22 で同様の計算をしている.ここで, e^w の展開を形式的に
$$e^w = \sum_{n=0}^{\infty} \frac{w^n}{n!}$$
と定める.ただし, $e^0 = 1$ と定義する.したがって,式 (3.17) より,
$$\begin{aligned} e^w &= 1 + \frac{w}{1!} + \frac{w^2}{2!} + \frac{w^3}{3!} + \frac{w^4}{4!} + \cdots \\ &= 1 + \frac{w}{1!} - \frac{|w|^2}{2!} - w\frac{|w|^2}{3!} + \frac{|w|^4}{4!} + \cdots \\ &= \left(1 - \frac{|w|^2}{2!} + \frac{|w|^4}{4!} - \frac{|w|^6}{6!} + \cdots\right) \\ &\quad + w\left(1 - \frac{|w|^2}{3!} + \frac{|w|^4}{5!} - \frac{|w|^6}{7!} + \cdots\right) \end{aligned}$$
となる(よって, $w = 0$ のときは $e^0 = 1$ が導かれることに注意).以上から, $w \neq 0$ のときは,
$$\begin{aligned} e^w &= \left(1 - \frac{|w|^2}{2!} + \frac{|w|^4}{4!} - \frac{|w|^6}{6!} + \cdots\right) \\ &\quad + \frac{w}{|w|}\left(|w| - \frac{|w|^3}{3!} + \frac{|w|^5}{5!} - \frac{|w|^7}{7!} + \cdots\right) \end{aligned} \tag{3.18}$$

となる.

具体的な例で考えてみよう．$w = i + j$ の場合には，$|i+j| = \sqrt{2}$ より，式 (3.18) を用いると，

$$e^{i+j} = \left\{1 - \frac{(\sqrt{2})^2}{2!} + \frac{(\sqrt{2})^4}{4!} - \frac{(\sqrt{2})^6}{6!} + \cdots\right\}$$
$$+ \frac{i+j}{\sqrt{2}}\left\{\sqrt{2} - \frac{(\sqrt{2})^3}{3!} + \frac{(\sqrt{2})^5}{5!} - \frac{(\sqrt{2})^7}{7!} + \cdots\right\}$$

が得られるので，さらに，

$$e^{i+j} = \cos(\sqrt{2}) + \frac{i+j}{\sqrt{2}}\sin(\sqrt{2})$$

とも表せることがわかる．上記の例からも示唆されるように，一般に，式 (3.18) より，一つの表現として以下が得られる．

命題 3.11 $w = w_1 i + w_2 j + w_3 k \, (\neq 0) \in \mathbb{H}$ に対して，以下が成り立つ．

$$e^w = \cos(|w|) + \frac{w}{|w|}\sin(|w|)$$

この命題より，ただちに以下の系が導かれる．

系 3.2 $w = w_1 i + w_2 j + w_3 k \, (\neq 0) \in \mathbb{H}$ に対して，以下が成り立つ．

$$e^{w_1 i + w_2 j + w_3 k} = \cos\left(\sqrt{w_1^2 + w_2^2 + w_3^2}\right)$$
$$+ \frac{w_1 i + w_2 j + w_3 k}{\sqrt{w_1^2 + w_2^2 + w_3^2}}\sin\left(\sqrt{w_1^2 + w_2^2 + w_3^2}\right) \quad (3.19)$$

また，$e^0 = 1$ に注意すると，以下の系が得られる．

系 3.3 $w = w_1 i + w_2 j + w_3 k \in \mathbb{H}$ に対して，以下が成り立つ．

$$|e^w| = 1$$

具体的に $w = \theta \mu$ の場合を考える．ただし，$\theta \geq 0$ で，$\mu \in \mathbb{H}$ は $\Re(\mu) = 0$, $|\mu| = 1$ をみたすとする．このとき，式 (3.19) と $e^0 = 1$ より，$e^{\theta \mu} = \cos(\theta) + \sin(\theta)\mu$ が導かれる．したがって，命題の形にまとめると，以下のようになる．

3.4 四元数の極形式

命題 3.12 $\theta \geq 0$ かつ $\mu \in \mathbb{H}$ は $\Re(\mu) = 0$, $|\mu| = 1$ をみたすとき,以下が成り立つ.

$$e^{\theta\mu} = \cos(\theta) + \sin(\theta)\,\mu \tag{3.20}$$

これが,四元数の場合のオイラーの公式に対応している.実際に,$e^0 = 1$ に注意しつつ,式 (3.19) で,とくに $w_1 = \theta \in [0, 2\pi)$, $w_2 = w_3 = 0$ のときは,

$$e^{\theta i} = \cos(\theta) + \sin(\theta)\,i$$

となり,複素数のときのオイラーの公式が得られる.四元数の場合になれるために,以下,例をいくつかあげる.

例 3.2

（1）$w = \theta j$ ($\theta \in [0, 2\pi)$) のとき

$$e^{\theta j} = \cos(\theta) + \sin(\theta)\,j$$

（2）$w = j + k$ のとき

$$e^{j+k} = \cos(\sqrt{2}) + \sin(\sqrt{2})\,\frac{j+k}{\sqrt{2}}$$

（3）$w = i + j + k$ のとき

$$e^{i+j+k} = \cos(\sqrt{3}) + \sin(\sqrt{3})\,\frac{i+j+k}{\sqrt{3}}$$

（4）$w = \pi(i+j)/2$ のとき

$$e^{\pi(i+j)/2} = \cos\left(\frac{\pi}{\sqrt{2}}\right) + \sin\left(\frac{\pi}{\sqrt{2}}\right)\,\frac{i+j}{\sqrt{2}}$$

問題 3.41 $w = i - 2j + 3k$ に対して,e^w を求めよ.

ここまでの議論をまとめると,$\mu = w/|w|, \theta = |w|$ としたとき,

$$e^{\theta\mu} = e^w = \cos(|w|) + \frac{w}{|w|}\sin(|w|) = \cos(\theta) + \sin(\theta)\,\mu$$

が得られる.すなわち,$\Re(w) = 0$ をみたす $w \in \mathbb{H}$ に対して,e^w のタイプの絶対値 1 の四元数に関しては（実際に $|e^w| = 1$）,その極形式が得られたことになる.つぎに,一般の四元数の場合について考えよう.

四元数 $x = x_0 + x_1 i + x_2 j + x_3 k \,(\neq 0) \in \mathbb{H}$ とし,$\Im(x) = 0$ のときは,$x \in \mathbb{R}$ な

ので，さらに $\Im(x) \neq 0$ を仮定する．

四元数 $x = x_0 + x_1 i + x_2 j + x_3 k \; (\neq 0) \in \mathbb{H}$ に対して，四元数の大きさ $r = |x|$ は

$$r = |x| = \sqrt{x_0^2 + x_1^2 + x_2^2 + x_3^2}$$

であった．そして，

$$x = ru$$

で u を定める．このとき，$u = x/r$ は単位四元数になる．すなわち，$|u| = 1$ である．$x \neq 0$ かつ $\Im(x) \neq 0$ より，

$$
\begin{aligned}
u &= \frac{x_0}{r} + \frac{x_1 i + x_2 j + x_3 k}{r} \\
&= \frac{x_0}{r} + \frac{\sqrt{x_1^2 + x_2^2 + x_3^2}}{r} \left(\frac{x_1 i + x_2 j + x_3 k}{\sqrt{x_1^2 + x_2^2 + x_3^2}} \right) \\
&= \frac{x_0}{r} + \frac{\sqrt{x_1^2 + x_2^2 + x_3^2}}{r} \mu
\end{aligned}
\tag{3.21}
$$

となる．ただし，

$$\mu = \frac{x_1 i + x_2 j + x_3 k}{\sqrt{x_1^2 + x_2^2 + x_3^2}}$$

である．このとき，$\mu^2 = -1$ に注意しよう．したがって，式 (3.21) より，

$$u = \cos(\theta) + \sin(\theta) \, \mu \tag{3.22}$$

の表現が得られる．ここで，

$$\cos(\theta) = \frac{x_0}{r}, \quad \sin(\theta) = \frac{\sqrt{x_1^2 + x_2^2 + x_3^2}}{r} \quad (0 \leq \theta \leq \pi)$$

である．よって，

$$\theta = \tan^{-1} \left(\frac{\sqrt{x_1^2 + x_2^2 + x_3^2}}{x_0} \right)$$

と書ける．一方，$\mu^2 = -1$ に注意すると，

$$
\begin{aligned}
e^{\theta \mu} &= 1 + \frac{\theta \mu}{1!} + \frac{(\theta \mu)^2}{2!} + \frac{(\theta \mu)^3}{3!} + \frac{(\theta \mu)^4}{4!} + \cdots \\
&= \left\{ 1 + \frac{(\theta \mu)^2}{2!} + \frac{(\theta \mu)^4}{4!} + \frac{(\theta \mu)^6}{6!} + \cdots \right\}
\end{aligned}
$$

3.4 四元数の極形式

$$+ \left\{ \theta\mu + \frac{(\theta\mu)^3}{3!} + \frac{(\theta\mu)^5}{5!} + \frac{(\theta\mu)^7}{7!} + \cdots \right\}$$

$$= \left(1 - \frac{\theta^2}{2!} + \frac{\theta^4}{4!} - \frac{\theta^6}{6!} + \cdots\right) + \left(\theta - \frac{\theta^3}{3!} + \frac{\theta^5}{5!} - \frac{\theta^7}{7!} + \cdots\right)\mu$$

$$= \cos(\theta) + \sin(\theta)\,\mu$$

となる．したがって $u = e^{\theta\mu}$ となり，一般の四元数 $x\,(\neq 0) \in \mathbb{H}$ で $\Im(x) \neq 0$ をみたす場合に，極形式 $x = re^{\theta\mu}$ が得られる．以上から，つぎの結果が導かれる．

命題 3.13 四元数 $x = x_0 + x_1 i + x_2 j + x_3 k\,(\neq 0) \in \mathbb{H}$ に対して，以下が成り立つ．

$$x = re^{\theta_x \mu_x} = r\{\cos(\theta_x) + \sin(\theta_x)\,\mu_x\} \tag{3.23}$$

ただし，

$$r = |x| = \sqrt{x_0^2 + x_1^2 + x_2^2 + x_3^2},$$

$$\mu_x = \frac{x_1 i + x_2 j + x_3 k}{\sqrt{x_1^2 + x_2^2 + x_3^2}}, \quad \theta_x = \tan^{-1}\left(\frac{\sqrt{x_1^2 + x_2^2 + x_3^2}}{x_0}\right),$$

$$\cos(\theta_x) = \frac{x_0}{r}, \quad \sin(\theta_x) = \frac{\sqrt{x_1^2 + x_2^2 + x_3^2}}{r} \quad (0 \leq \theta_x \leq \pi)$$

ここで，$x_0 = 0$ で $\Im(x) \neq 0$ の場合を考えると，$\theta_x = \pi/2$ となり，式 (3.23) は自明な関係式となることに注意しよう．

具体的な例について考えてみる．$x = 1 + i + j + k$ のとき $r = |x| = 2$，$\theta_x = \tan^{-1}(\sqrt{3}) = \pi/3$，$\mu_x = (i + j + k)/\sqrt{3}$ なので，

$$1 + i + j + k = 2\left\{\cos\left(\frac{\pi}{3}\right) + \sin\left(\frac{\pi}{3}\right)\frac{i + j + k}{\sqrt{3}}\right\}$$

という極形式が得られる．

問題 3.42 $x = \sqrt{3} + (i + j + k)/\sqrt{3}$ のとき，極形式を求めよ．

さて，この命題 3.13 を用いると，以下のように x^n が計算できる．

系 3.4 $n = 1, 2, \ldots$ に対して，以下が成り立つ．

$$x^n = r^n e^{n\theta_x \mu_x} = r^n\{\cos(n\theta_x) + \sin(n\theta_x)\,\mu_x\} \tag{3.24}$$

証明 帰納法で証明する．$n=1$ のときは命題 3.13 そのものである．$n=m$ のときに成立していると仮定し，$\mu_x^2 = -1$ に注意すると，

$$x^{m+1} = x^m \times x = r^{m+1}\{\cos(m\theta_x) + \sin(m\theta_x)\mu_x\}\{\cos(\theta_x) + \sin(\theta_x)\mu_x\}$$
$$= r^{m+1}\{\cos((m+1)\theta_x) + \sin((m+1)\theta_x)\mu_x\}$$

となり，$n=m+1$ のときも成立していることがわかる．以上より証明が終わる． □

問題 3.43 $(1+i+j+k)^n$ を極形式で表し，これを用いて $(1+i+j+k)^3$ を求めよ．

つぎに，系 3.4 を用いて $x^3 = 1$ を解いてみよう．式 (3.24) より，$\theta \in [0, 2\pi)$ として，

$$r^3\{\cos(3\theta) + \sin(3\theta)\mu\} = 1$$

なので，次式がわかる．

$$r^3\cos(3\theta) = 1, \quad \sin(3\theta)\mu = 0$$

最初に，$\mu = 0$ の場合は $x \in \mathbb{R}$ なので，$x=1$ が導かれる．つぎに，$\mu \neq 0$ の場合は，$\sin(3\theta) = 0$ なので $\theta = 0, \pi/3, 2\pi/3, \pi, 4\pi/3, 5\pi/3$ である．まず，$\theta=0$ のときは，$r^3=1$ より $x=1$ となる．つぎに，$\theta = \pi/3$ のときは，$r^3\cos(\pi) = 1$ より，これをみたす x は存在しない．また，$\theta = 2\pi/3$ のときは，$r^3\cos(2\pi) = 1$ より $r=1$ となる．よって，

$$x = \cos\left(\frac{2\pi}{3}\right) + \sin\left(\frac{2\pi}{3}\right)\mu = -\frac{1}{2} + \frac{\sqrt{3}}{2}\left(\frac{x_1 i + x_2 j + x_3 k}{\sqrt{x_1^2 + x_2^2 + x_3^2}}\right)$$

が成り立つ．残りの $\theta = \pi, 4\pi/3, 5\pi/3$ の場合も同様にして，以上まとめると，$x^3 = 1$ の解は，

$$x = \cos\left(\frac{2\pi}{3}m\right) + \sin\left(\frac{2\pi}{3}m\right)\mu \quad (m=0,1,2)$$

となる．ただし，

$$\mu = \frac{x_1 i + x_2 j + x_3 k}{\sqrt{x_1^2 + x_2^2 + x_3^2}} \quad (x_1 x_2 x_3 \neq 0)$$

である．同様にして，$x^n = 1$ の解は，以下で与えられる．

$$x = \cos\left(\frac{2\pi}{n}m\right) + \sin\left(\frac{2\pi}{n}m\right)\mu \quad (m=0,1,\ldots,n-1)$$

ただし，
$$\mu = \frac{x_1 i + x_2 j + x_3 k}{\sqrt{x_1^2 + x_2^2 + x_3^2}} \quad (x_1 x_2 x_3 \neq 0)$$
である．

さて，複素数の場合には，$e^{\theta_1 i} e^{\theta_2 j} = e^{\theta_1 i + \theta_2 j}$ $(\theta_1, \theta_2 \in \mathbb{R})$ の指数法則は成立していたが，四元数の場合には一般には成り立たない．たとえば，
$$e^{\theta(i+j)} = \cos(\sqrt{2}\theta) + \sin(\sqrt{2}\theta) \frac{i+j}{\sqrt{2}}$$
に対して，
$$\begin{aligned} e^{\theta i} e^{\theta j} &= \{\cos(\theta) + \sin(\theta) i\} \{\cos(\theta) + \sin(\theta) j\} \\ &= \cos^2(\theta) + \cos(\theta) \sin(\theta) i + \cos(\theta) \sin(\theta) j + \sin^2(\theta) k \end{aligned}$$
なので，明らかに一般の $\theta \in \mathbb{R}$ に対して $e^{\theta(i+j)} \neq e^{\theta i} e^{\theta j}$ である．

ここで，$\mathbb{S}_{\mathbb{H}}^3 = \{x = x_1 i + x_2 j + x_3 k \in \mathbb{H} : x_1^2 + x_2^2 + x_3^2 = 1\}$ を導入する．このとき，以下が成り立っている．

系 3.5 $\mu_1, \mu_2, \mu_3 \in \mathbb{S}_{\mathbb{H}}^3$ $(\mu_1 \mu_2 = \mu_3)$，$\theta_1, \theta_2 \in \mathbb{R}$ に対して，以下が成り立つ．
$$e^{\theta_1 \mu_1} e^{\theta_2 \mu_2} = e^{(\theta_1 - \theta_2)\mu_1} \frac{1+\mu_3}{2} + e^{(\theta_1 + \theta_2)\mu_1} \frac{1-\mu_3}{2},$$
$$e^{\theta_1 \mu_1} e^{\theta_2 \mu_2} = \frac{1+\mu_3}{2} e^{(\theta_2 - \theta_1)\mu_2} + \frac{1-\mu_3}{2} e^{(\theta_2 + \theta_1)\mu_2}$$

証明は，$e^{\theta \mu} = \cos(\theta) + \sin(\theta) \mu$ を用いればよい．たとえば，$\mu_1 = i, \mu_2 = j$ とすると，$\mu_3 = k$ なので，
$$e^{\theta_1 i} e^{\theta_2 j} = e^{(\theta_1 - \theta_2)i} \frac{1+k}{2} + e^{(\theta_1 + \theta_2)i} \frac{1-k}{2},$$
$$e^{\theta_1 i} e^{\theta_2 j} = \frac{1+k}{2} e^{(\theta_2 - \theta_1)j} + \frac{1-k}{2} e^{(\theta_2 + \theta_1)j}$$
が得られる．さらに，上の第 1 式を $\theta_1 = \theta_2 = \theta$ の場合に確かめてみよう．右辺で $\theta_1 = \theta_2 = \theta$ として計算すると，
$$\begin{aligned} \frac{1+k}{2} + e^{2\theta i} \frac{1-k}{2} &= \frac{1+k}{2} + \{\cos(2\theta) + \sin(2\theta) i\} \frac{1-k}{2} \\ &= \cos^2(\theta) + \cos(\theta) \sin(\theta) i + \cos(\theta) \sin(\theta) j + \sin^2 \theta\, k \\ &= \{\cos(\theta) + \sin(\theta) i\}\{\cos(\theta) + \sin(\theta) j\} \end{aligned}$$

$$= e^{\theta i}e^{\theta j}$$

と左辺が得られ，第 1 式を確かめることができる．

同様にして，以下の表現を得る．

> **系 3.6** $\mu_1, \mu_2 \in \mathbb{S}_{\mathbb{H}}^3$, $\theta_1, \theta_2 \in \mathbb{R}$ に対して，以下が成り立つ．
> $$e^{\theta_1 \mu_1}e^{\theta_2 \mu_2} = \frac{1}{2}\left(e^{(\theta_1+\theta_2)\mu_1} + e^{(\theta_1-\theta_2)\mu_1}\right) - \frac{\mu_1}{2}\left(e^{(\theta_1+\theta_2)\mu_1} - e^{(\theta_1-\theta_2)\mu_1}\right)\mu_2,$$
> $$e^{\theta_1 \mu_1}e^{\theta_2 \mu_2} = \frac{1}{2}\left(e^{(\theta_2+\theta_1)\mu_2} + e^{(\theta_2-\theta_1)\mu_2}\right) - \frac{\mu_1}{2}\left(e^{(\theta_2+\theta_1)\mu_2} - e^{(\theta_2-\theta_1)\mu_2}\right)\mu_2$$

たとえば，$\mu_1 = i, \mu_2 = j$ とすると，$\mu_3 = k$ なので，

$$e^{\theta_1 i}e^{\theta_2 j} = \frac{1}{2}\left(e^{(\theta_1+\theta_2)i} + e^{(\theta_1-\theta_2)i}\right) - \frac{i}{2}\left(e^{(\theta_1+\theta_2)i} - e^{(\theta_1-\theta_2)i}\right)j \quad (3.25)$$

$$e^{\theta_1 i}e^{\theta_2 j} = \frac{1}{2}\left(e^{(\theta_2+\theta_1)j} + e^{(\theta_2-\theta_1)j}\right) - \frac{i}{2}\left(e^{(\theta_2+\theta_1)j} - e^{(\theta_2-\theta_1)j}\right)j \quad (3.26)$$

が導かれる．実際，式 (3.25) と式 (3.26) を $\theta_1 = \theta_2 = \pi/4$ の場合に確かめてみよう．両式の左辺はともに

$$e^{\frac{\pi}{4}i}e^{\frac{\pi}{4}j} = \frac{\sqrt{2}(1+i)}{2} \times \frac{\sqrt{2}(1+j)}{2} = \frac{1}{2}(1+i+j+k)$$

となる．一方，式 (3.25) の右辺は，

$$\frac{1}{2}(i+1) - \frac{i}{2}(i-1)j = \frac{1}{2}(1+i+j+k)$$

で一致する．同様に，式 (3.26) の右辺も

$$\frac{1}{2}(j+1) - \frac{i}{2}(j-1)j = \frac{1}{2}(1+i+j+k)$$

となり，一致する．

問題 3.44 式 (3.25) と式 (3.26) を $\theta_1 = \pi/2, \theta_2 = \pi/4$ の場合に確かめよ．

第Ⅱ部

四元数の広がり

第4章

四元数の方程式

この章では，四元数を係数にもつ多項式 $f(x)$ について，方程式 $f(x)=0$ を解くことについて考える．一般の n 次多項式を扱うことは大変難しいので，主に以下のタイプの 1 次，2 次方程式の解法に関して説明する．

$$ax - xb = c, \quad x^2 + ax + b = 0$$

ただし，$a,b,c \in \mathbb{H}$ である．なお，最終節で，一般の場合について少しだけ触れる．

4.1　1 次方程式

この節では，四元数を係数にもつ 1 次方程式を扱う．

4.1.1　$ax+b=0$ を考える

まず，肩ならしとして，下記の 1 次方程式を考えよう．

$$ax + b = 0$$

ただし，$a(\neq 0), b \in \mathbb{H}$ とする．このときの解は，

$$x = -a^{-1}b$$

であることがすぐにわかる．同様に，$a\,(\neq 0), b \in \mathbb{H}$ に対して，

$$xa + b = 0$$

の解は，

$$x = -ba^{-1}$$

であることが導かれる．このような 1 次方程式は簡単に解が求められる．

4.1.2　$ax - xb = c$ を考える

つぎに，$a, b, c \in \mathbb{H}$ に対して，以下の 1 次方程式

$$ax - xb = c \tag{4.1}$$

を考えよう．四元数は非可換なので，このようなタイプの1次方程式が考えられるのである．じつは，この場合には解は簡単には求められない．その感触を得るために，手はじめにいくつかの例をみていこう．

例 4.1

（1）
$$ix - xi = 1 \tag{4.2}$$

このときは，
$$i(x_0 + x_1 i + x_2 j + x_3 k) - (x_0 + x_1 i + x_2 j + x_3 k)i$$
$$= -2x_3 j + 2x_2 k = 1$$

であり，どんな実数 x_2, x_3 に対しても，$-2x_3 j + 2x_2 k = 1$ は成り立たない．したがって，解をもたない．

（2）
$$ix - xi = j \tag{4.3}$$

このときは，
$$i(x_0 + x_1 i + x_2 j + x_3 k) - (x_0 + x_1 i + x_2 j + x_3 k)i$$
$$= -2x_3 j + 2x_2 k = j$$

なので，$x_2 = 0$, $x_3 = -1/2$ となり，$x = x_0 + x_1 i - k/2$ $(x_0, x_1 \in \mathbb{R})$ が解であり，無限個存在する．

（3）
$$ix - xj = k \tag{4.4}$$

このときは，
$$i(x_0 + x_1 i + x_2 j + x_3 k) - (x_0 + x_1 i + x_2 j + x_3 k)j$$
$$= -(x_1 - x_2) + (x_0 + x_3)i - (x_0 + x_3)j - (x_1 - x_2)k = k$$

なので，解をもたない．

このように，$ax + b = 0$ や $xa + b = 0$ の場合とは違って，1次方程式とはいえ一筋縄にはいかないその一端が見て取れたと思う．

問題 4.1 以下の方程式を解け．
$$ix - xj = -1 + i - j - k \tag{4.5}$$

いままでは，解がないか，解の個数が無限個の場合であったが，つぎの例は解の個数がただ一つの場合である．

例 4.2

$$(1+i)x - xi = 1 + i - j + 3k \tag{4.6}$$

このときは，

$$x + (ix - xi) = x_0 + x_1 i + (x_2 - 2x_3)j + (2x_2 + x_3)k = 1 + i - j + 3k$$

なので，$x = 1 + i + j + k$ が解である．

4.1.3 $ax - xb = c$ を解くための準備

ウォーミングアップが終わったところで，以下で $ax - xb = c$ の一般的な解法（じつは，かなり長い道のりなのだが）の解説を始めよう．これからの議論は，Tian (1999)[16] による．$M_4(\mathbb{R})$ を，実数を成分にもつ 4×4 行列全体とする．まず，$a \in \mathbb{H}$ に対して，以下の $\phi(a) \in M_4(\mathbb{R})$ を導入する．

$$\phi(a) = \begin{bmatrix} a_0 & -a_1 & -a_2 & -a_3 \\ a_1 & a_0 & -a_3 & a_2 \\ a_2 & a_3 & a_0 & -a_1 \\ a_3 & -a_2 & a_1 & a_0 \end{bmatrix}$$

解法のアイデアは，上記のような $\phi(a) \in M_4(\mathbb{R})$ や，後に出てくる $\tau(a) \in M_4(\mathbb{R})$ のような四元数 a の行列表示を用いることで，$ax - bx = c$ の解を求めていくというものである．

第3章で以下のような四元数の積の行列表示を紹介した．$x = x_0 + x_1 i + x_2 j + x_3 k \in \mathbb{H}$ を

$$x = \begin{bmatrix} x_0 \\ x_1 \\ x_2 \\ x_3 \end{bmatrix}$$

と同一視し，$x = x_0 + x_1 i + x_2 j + x_3 k,\ y = y_0 + y_1 i + y_2 j + y_3 k \in \mathbb{H}$ に対して，式 (3.3) より，

$$xy = \begin{bmatrix} x_0 & -x_1 & -x_2 & -x_3 \\ x_1 & x_0 & -x_3 & x_2 \\ x_2 & x_3 & x_0 & -x_1 \\ x_3 & -x_2 & x_1 & x_0 \end{bmatrix} \begin{bmatrix} y_0 \\ y_1 \\ y_2 \\ y_3 \end{bmatrix}$$

となる．この x の行列表示がまさに $\phi(x)$ と一致していることに注意しよう．

さて，$a \in \mathbb{H}$ に対して，以下の表現が得られる．

$$a = \frac{1}{4} E_4 \, \phi(a) \, E_4^*$$

ただし，$E_4 = [1, i, j, k]$ である．この式は，具体的に計算すれば確認できる．この式などを用いると，以下が成立する．

補題 4.1 $a, b \in \mathbb{H}, \lambda \in \mathbb{R}$ に対して，以下が成立する．

1. $a = b \iff \phi(a) = \phi(b)$
2. $\phi(a + b) = \phi(a) + \phi(b)$
3. $\phi(ab) = \phi(a)\phi(b)$
4. $\phi(\lambda a) = \lambda \phi(a)$
5. $\phi(1) = I_4$
6. $\phi(\overline{a}) = {}^T\phi(a)$
7. $\phi(a^{-1}) = \phi^{-1}(a) \quad (a \neq 0)$
8. $\det[\phi(a)] = |a|^4$

証明は，定義に基づき計算して確かめればよい．

同様に，$a \in \mathbb{H}$ に対して以下の $\tau(a) \in M_4(\mathbb{R})$ を導入する．

$$\tau(a) = \begin{bmatrix} a_0 & -a_1 & -a_2 & -a_3 \\ a_1 & a_0 & a_3 & -a_2 \\ a_2 & -a_3 & a_0 & a_1 \\ a_3 & a_2 & -a_1 & a_0 \end{bmatrix}$$

ただし，

$$\tau(a) = L \, {}^T\phi(a) \, L \quad (= L \, \phi(\overline{a}) \, L)$$

が成り立っている．ここで，

$$L = \begin{bmatrix} 1 & 0 & 0 & 0 \\ 0 & -1 & 0 & 0 \\ 0 & 0 & -1 & 0 \\ 0 & 0 & 0 & -1 \end{bmatrix}$$

である．このときも，$a \in \mathbb{H}$ に対して以下の同じような表現が得られる．

$$\bar{a} = \frac{1}{4} F_4 \, \tau(a) \, F_4^*$$

ただし，$F_4 = [1, -i, -j, -k]$ である．さらに，以下が成り立つ．

> **補題 4.2** $a, b \in \mathbb{H}, \lambda \in \mathbb{R}$ に対して，以下が成立する．
> 1. $a = b \iff \tau(a) = \tau(b)$
> 2. $\tau(a + b) = \tau(a) + \tau(b)$
> 3. $\tau(ab) = \tau(b)\tau(a)$
> 4. $\tau(\lambda a) = \lambda \tau(a)$
> 5. $\tau(1) = I_4$
> 6. $\tau(\bar{a}) = {}^T\tau(a)$
> 7. $\tau(a^{-1}) = \tau^{-1}(a) \quad (a \neq 0)$
> 8. $\det[\tau(a)] = |a|^4$

この証明も，定義に基づき計算して確かめればよい．

行列 $\phi(a), \tau(a)$ と四元数のベクトル表現 $\vec{x} = {}^T[x_0, x_1, x_2, x_3]$ を用いると，1 次方程式を解くための鍵となるつぎの結果が得られる．

> **定理 4.1** $a, b, x \in \mathbb{H}$ に対して，以下が成立する．
> 1. $\overrightarrow{ax} = \phi(a)\vec{x}$
> 2. $\overrightarrow{xb} = \tau(b)\vec{x}$
> 3. $\overrightarrow{axb} = \phi(a)\tau(b)\vec{x} = \tau(b)\phi(a)\vec{x}$
> 4. $\phi(a)\tau(b) = \tau(b)\phi(a)$

定理 4.1 の 1, 2 を用いると，$ax - xb = c$，すなわち $\overrightarrow{ax} - \overrightarrow{xb} = \vec{c}$ は，

$$\{\phi(a) - \tau(b)\} \vec{x} = \vec{c}$$

と書き直せる．ここで，
$$\theta(a,b) = \phi(a) - \tau(b) \in M_4(\mathbb{R})$$
とおく．このとき，以下が成り立つ．

補題 4.3 $a,b \in \mathbb{H}$ に対して，以下が成立する．

1. $\det[\theta(a,b)] = s^4 + 2(|\Im(a)|^2 + |\Im(b)|^2)s^2 + (|\Im(a)|^2 - |\Im(b)|^2)^2$
   ただし，$s = a_0 - b_0$ である．
2. $\theta(a,b)$ は正規行列で，4 個の固有値は $(a_0 - b_0) \pm ||\Im(a)| \pm |\Im(b)||$ である．
3. $a_0 \neq b_0$ あるいは $|\Im(a)| \neq |\Im(b)|$，すなわち $a \not\sim b$ (a と b は相似でない) ならば，$\theta(a,b)$ は正則で，その逆行列は次式となる．
$$\theta^{-1}(a,b) = \phi^{-1}(a^2 - 2b_0 a + |b|^2)(\phi(a) - \tau(\bar{b}))$$

証明 1 命題 3.8 より，任意の $a,b \in \mathbb{H}$ に対して，$p, q \,(\neq 0) \in \mathbb{H}$ が存在して，
$$a = p\hat{a}p^{-1}, \quad b = q\hat{b}q^{-1}$$
となる．ただし，$\hat{a} = a_0 + |\Im(a)|i$, $\hat{b} = b_0 + |\Im(b)|i$ である．ゆえに，
$$\phi(a) = \phi(p)\phi(\hat{a})\phi(p^{-1}), \quad \tau(b) = \tau(q^{-1})\tau(\hat{b})\tau(q)$$
となる．これらを用いると，
$$\begin{aligned}
\det[\theta(a,b)] &= \det[\phi(a) - \tau(b)] \\
&= \det[\phi(p)\phi(\hat{a})\phi(p^{-1}) - \tau(q^{-1})\tau(\hat{b})\tau(q)] \\
&= \det[\phi(p)]\det[\phi(\hat{a}) - \phi(p^{-1})\tau(q^{-1})\tau(\hat{b})\tau(q)\phi(p)]\det[\phi(p^{-1})] \\
&= \det[\phi(\hat{a}) - \tau(q^{-1})\tau(\hat{b})\tau(q)] \\
&= \det[\tau(q^{-1})]\det[\tau(q)\phi(\hat{a})\tau(q^{-1}) - \tau(\hat{b})]\det[\tau(q)] \\
&= \det[\phi(\hat{a}) - \tau(\hat{b})]
\end{aligned}$$
となる．したがって，つぎが成り立つ．
$$\begin{aligned}
\det[\theta(a,b)] &= \det[\phi(\hat{a}) - \tau(\hat{b})] \\
&= \left\{s^2 + (|\Im(a)| - |\Im(b)|)^2\right\}\left\{s^2 + (|\Im(a)| + |\Im(b)|)^2\right\} \\
&= s^4 + 2(|\Im(a)|^2 + |\Im(b)|^2)s^2 + (|\Im(a)|^2 - |\Im(b)|^2)^2
\end{aligned}$$

2 1 と同様にして以下の式が得られ，それにより固有値が求められる．
$$\det[\lambda I_4 - \theta(a,b)]$$

$$= \{(\lambda-s)^2 + (|\Im(a)| - |\Im(b)|)^2\} \{(\lambda-s)^2 + (|\Im(a)| + |\Im(b)|)^2\}$$

つぎに，$\theta(a,b)$ が正規行列であることを示す．

$$\begin{aligned}\theta(a,b) + {}^T\theta(a,b) &= \phi(a) - \tau(b) + {}^T\phi(a) - {}^T\tau(b) \\ &= \phi(a) - \tau(b) + \phi(\bar{a}) - \tau(\bar{b}) \\ &= \phi(a + \bar{a}) - \tau(b + \bar{b}) \\ &= 2(a_0 - b_0)I_4\end{aligned}$$

したがって，$\theta(a,b)^T\theta(a,b) = {}^T\theta(a,b)\theta(a,b) = 2(a_0-b_0)\theta(a,b) - \theta(a,b)^2$ より，正規であることがわかる．

3 まず，以下に注意する．

$$\begin{aligned}[\phi(a) - \tau(\bar{b})][\phi(a) - \tau(b)] &= \phi(a^2) - (\tau(b) + \tau(\bar{b}))\phi(a) + \tau(|b|^2) \\ &= \phi(a^2) - 2b_0\phi(a) + |b|^2 I_4 \\ &= \phi(a^2 - 2b_0 a + |b|^2)\end{aligned}$$

したがって，

$$\phi^{-1}(a^2 - 2b_0 a + |b|^2)[\phi(a) - \tau(\bar{b})] = [\phi(a) - \tau(b)]^{-1} = \theta^{-1}(a,b)$$

が成り立つので，求めたい結論が導かれる． □

4.1.4 $ax - xb = c$ で $a \not\sim b$ の場合

補題 4.3 の 3 を用いると，$a_0 \neq b_0$ あるいは $|\Im(a)| \neq |\Im(b)|$，すなわち，$a \not\sim b$ ならば，$ax - xb = c$ の解の表現が以下のように得られる．

$$\begin{aligned}\vec{x} &= \theta^{-1}(a,b)\vec{c} \\ &= \phi^{-1}(a^2 - 2b_0 a + |b|^2)(\phi(a) - \tau(\bar{b}))\vec{c} \\ &= \phi^{-1}(a^2 - 2b_0 a + |b|^2)(\vec{ac} - \vec{c\bar{b}}) \\ &= \phi^{-1}(2sa + |b|^2 - |a|^2)(\vec{ac} - \vec{c\bar{b}})\end{aligned}$$

同様にして，$a_0 \neq b_0$ あるいは $|\Im(a)| \neq |\Im(b)|$ ならば $\theta(a,b)$ は正則で，その逆行列は $\theta^{-1}(a,b) = \tau^{-1}(b^2 - 2a_0 b + |a|^2)(\phi(\bar{a}) - \tau(b))$ となる．ここで，以下を用いた．

$$\begin{aligned}[\phi(\bar{a}) - \tau(b)][\phi(a) - \tau(b)] &= \tau(b^2) - 2a_0 \tau(b) + |a|^2 I_4 \\ &= \tau(b^2 - 2a_0 b + |a|^2)\end{aligned}$$

したがって，以下の定理が導かれる．

定理 4.2 $a_0 \neq b_0$ あるいは $|\Im(a)| \neq |\Im(b)|$, すなわち, $a \not\sim b$ ならば, $ax - xb = c$ はただ一つの解をもち,

$$x = (a^2 - 2b_0 a + |b|^2)^{-1}(ac - c\overline{b}) = (2sa + |b|^2 - |a|^2)^{-1}(ac - c\overline{b})$$
$$= (cb - \overline{a}c)(b^2 - 2a_0 b + |a|^2)^{-1} = (cb - \overline{a}c)(2sb + |b|^2 - |a|^2)^{-1}$$

となる. ただし, $s = a_0 - b_0 = \Re(a) - \Re(b)$ である.

例 4.2 の場合にこの定理を適用してみよう. この例では, $(1+i)x - xi = 1 + i - j + 3k$ で, $x = 1 + i + j + k$ が解であった. $a = 1 + i$, $b = i$, $c = 1 + i - j + 3k$ なので, $a_0 = 1$, $b_0 = 0$ となり, $a_0 \neq b_0$ が成り立っている. そして,

$$a^2 - 2b_0 a + |b|^2 = (1+i)^2 + 1 = 1 + 2i,$$
$$(a^2 - 2b_0 a + |b|^2)^{-1} = \frac{1 - 2i}{5},$$
$$ac - c\overline{b} = (2i - 4j + 2k) - (1 - i - 3j - k) = -1 + 3i - j + 3k$$

と計算されるので,

$$x = (a^2 - 2b_0 a + |b|^2)^{-1}(ac - c\overline{b})$$
$$= \frac{1 - 2i}{5} \times (-1 + 3i - j + 3k) = 1 + i + j + k$$

と求められ, 解が一致することが確かめられる.

4.1.5 $ax - xb = c$ で $a \sim b$ の場合

この項以降で, $a_0 = b_0$ かつ $|\Im(a)| = |\Im(b)|$, すなわち, $a \sim b$ の場合について考える. このときは, $\theta(a, b)$ は正則ではないので, その一般化された逆行列 $\theta^-(a, b)$ を

$$\theta(a, b)\theta^-(a, b)\theta(a, b) = \theta(a, b) \tag{4.7}$$

をみたすものと定義する. まず, 以下が成り立つことに注意する.

$$\theta(a, b) = \phi(a) - \tau(b) = \phi(\Im(a)) - \tau(\Im(b)),$$
$$(\Im(a))^2 = -|\Im(a)|^2 = -|\Im(b)|^2 = (\Im(b))^2$$

ゆえに, これらを用いると,

$$\theta^2(a, b) = \{\phi(\Im(a)) - \tau(\Im(b))\}^2$$
$$= -2\tau(\Im(b))\phi(\Im(a)) - 2|\Im(a)|^2 I_4,$$

$$\theta^3(a,b) = \{-2\tau(\Im(b))\phi(\Im(a))\}\{\phi(\Im(a)) - \tau(\Im(b))\} - 2|\Im(a)|^2\theta(a,b)$$
$$= 2|\Im(a)|^2\{\tau(\Im(b)) - \phi(\Im(a))\} - 2|\Im(a)|^2\theta(a,b)$$
$$= -4|\Im(a)|^2\theta(a,b)$$

となる．したがって，以下が得られる．

$$\theta(a,b) = \phi(\Im(a)) - \tau(\Im(b)) \tag{4.8}$$
$$\theta^2(a,b) = -2\tau(\Im(b))\phi(\Im(a)) - 2|\Im(a)|^2 I_4 \tag{4.9}$$
$$\theta^3(a,b) = -4|\Im(a)|^2\theta(a,b) \tag{4.10}$$

以上から，つぎの補題を得る．

補題 4.4 $a_0 = b_0$ かつ $|\Im(a)| = |\Im(b)|$，すなわち，$a \sim b$ のとき，$\theta(a,b)$ は正則ではなく，その一般化された逆行列 $\theta^-(a,b)$ は以下で与えられる．

$$\theta^-(a,b) = -\frac{1}{4|\Im(a)|^2}\theta(a,b) = \frac{1}{4|\Im(a)|^2}\{\tau(\Im(b)) - \phi(\Im(a))\} \tag{4.11}$$

(1) $ax - xa = 0$ の場合 補題 4.4 から，つぎの定理が得られる．

定理 4.3 $a \in \mathbb{H}$ かつ $a \notin \mathbb{R}$ とする．このとき，

$$ax = xa \tag{4.12}$$

の一般解は

$$x = p - \frac{1}{|\Im(a)|^2}\Im(a)\,p\,\Im(a) \quad (p \in \mathbb{H}) \tag{4.13}$$

で与えられる．同値な表現として，以下が成り立つ．

$$x = \lambda_0 + \lambda_1 \Im(a) \quad (\lambda_0, \lambda_1 \in \mathbb{R}) \tag{4.14}$$

具体的には，λ_0, λ_1 は以下のように与えられる．

$$\lambda_0 = \Im(a)\Im(q) + \Im(q)\Im(a), \quad \lambda_1 = 2\Re(q)$$

証明 式 (4.12) は，

$$\{\phi(a) - \tau(a)\}\vec{x} = \theta(a,a)\vec{x} = 0 \tag{4.15}$$

と同値である．したがって，その一般解は以下で与えられる．

$$\vec{x} = 2\left\{I_4 - \theta^-(a,a)\theta(a,a)\right\}\vec{p} \tag{4.16}$$

式 (4.11) を上式に代入し，式 (4.9) を用いると，

$$\vec{x} = 2\left\{I_4 + \frac{1}{4|\Im(a)|^2}\theta^2(a,a)\right\}\vec{p}$$

$$= 2\left[I_4 - \frac{1}{4|\Im(a)|^2}\left\{2\tau(\Im(a))\phi(\Im(a)) + 2|\Im(a)|^2 I_4\right\}\right]\vec{p}$$

$$= \left\{I_4 - \frac{1}{|\Im(a)|^2}\phi(\Im(a))\tau(\Im(a))\right\}\vec{p}$$

となる．これを四元数表現に戻すと，式 (4.13) が得られる．つぎに，$p = (\Im(a))q$ とおき，式 (4.13) に代入すると，

$$x = (\Im(a))q + q(\Im(a))$$
$$= 2\Re(q)\Im(a) + \Im(a)\Im(q) + \Im(q)\Im(a)$$
$$= t_0 + t_1(\Im(a)) \quad (t_0, t_1 \in \mathbb{R})$$

となる．これは，式 (4.14) と同値な表現である．以上より証明を終わる． □

(2) $ax - xb = 0$ で $a \sim b$ **の場合**　同様に，以下の結果を得る．

定理 4.4 $a, b \in \mathbb{H}$ とする．このとき，

$$ax = xb \tag{4.17}$$

が 0 でない解をもつこと，すなわち $a \sim b$ と

$$a_0 = b_0, \quad |\Im(a)| = |\Im(b)| \tag{4.18}$$

は同値である．さらに，式 (4.17) の一般解は，次式で与えられる．

$$x = p - \frac{1}{|\Im(a)|^2}\Im(a)\,p\,\Im(b) \quad (p \in \mathbb{H}) \tag{4.19}$$

とくに，$b = \bar{a}$ のとき，すなわち，$\Im(a) + \Im(b) \neq 0$ のとき，式 (4.17) の一般解は，

$$x = \lambda_1(\Im(a) + \Im(b)) + \lambda_2\{|\Im(a)||\Im(b)| - (\Im(a))(\Im(b))\} \quad (\lambda_1, \lambda_2 \in \mathbb{R}) \tag{4.20}$$

で与えられる．

証明 式 (4.17) は,
$$\{\phi(a) - \tau(b)\}\vec{x} = \theta(a,b)\vec{x} = 0 \tag{4.21}$$
と同値である．したがって，0 でない解をもつことと，$\det[\theta(a,b)] = 0$ は同値であり，式 (4.18) と同値であることがわかる．このとき，その一般解は以下で与えられる．
$$\vec{x} = 2\{I_4 - \theta^-(a,b)\theta(a,b)\}\vec{p} \tag{4.22}$$
式 (4.11) を上式に代入し，式 (4.9) を用いると,
$$\begin{aligned}\vec{x} &= 2\left\{I_4 + \frac{1}{4|\Im(a)|^2}\theta^2(a,b)\right\}\vec{p} \\ &= 2\left[I_4 - \frac{1}{4|\Im(a)|^2}\{2\tau(\Im(b))\phi(\Im(a)) + 2|\Im(a)|^2 I_4\}\right]\vec{p} \\ &= \left\{I_4 - \frac{1}{|\Im(a)|^2}\phi(\Im(a))\tau(\Im(b))\right\}\vec{p}\end{aligned}$$
となる．これを四元数表現に戻すと，式 (4.19) が得られる．

つぎに，$b = \bar{a}$ のとき，$p = \Im(a)$ と $p = |\Im(a)||\Im(b)|$ とそれぞれおき，式 (4.19) に代入すると，それぞれ，
$$x_1 = \Im(a) + \Im(b), \quad x_2 = |\Im(a)||\Im(b)| - (\Im(a))(\Im(b))$$
となる．ゆえに，式 (4.20) と式 (4.17) とが同値であることがわかる．しかも，$\Re(x_1) = 0, \Re(x_2) \neq 0$ より，x_1 と x_2 は独立な解であることがわかる．さらに，式 (4.18) のもとでは，$\theta(a,b)$ のランクが 2 なので，この解の表現しかないことが導かれる．以上より証明を終わる．　□

この定理 4.4 から，ただちに以下の結果を得る．

系 4.1 $a \in \mathbb{H}$ かつ $a \notin \mathbb{C}$ とする．このとき,
$$ax = x(\Re(a) + |\Im(a)|i) \tag{4.23}$$
は常に 0 でない解をもつ，すなわち，$a \sim \Re(a) + |\Im(a)|i$ となる．さらに，式 (4.23) の一般解は,
$$x = \lambda_1\{|\Im(a)|i + \Im(a)\} + \lambda_2\{|\Im(a)| - (\Im(a))i\} \quad (\lambda_1, \lambda_2 \in \mathbb{R}) \tag{4.24}$$
で与えられる．

(3) $ax - xb = c$ で $a \sim b$ かつ $c \neq 0$ の場合　さらに，以下の定理を得る．

> **定理 4.5** $a, b \in \mathbb{H}$ で $a \sim b$ かつ $c \neq 0$ とする．このとき，
> $$ax - xb = c \tag{4.25}$$
> が 0 でない解をもつことと
> $$ac = c\bar{b} \tag{4.26}$$
> は同値である．さらに，式 (4.25) の一般解は，以下のようになる．
> $$x = \frac{1}{4|\Im(a)|^2}(cb - ac) - \frac{1}{|\Im(a)|^2}\Im(a)\, p\, \Im(b) \quad (p \in \mathbb{H}) \tag{4.27}$$

証明 式 (4.25) は，
$$\{\phi(a) - \tau(b)\}\vec{x} = \theta(a,b)\vec{x} = \vec{c}$$

と同値である．このとき，この方程式が解けることと，以下は同値である．
$$\theta(a,b)\theta^-(a,b)\vec{c} = \vec{c}$$

ここで，式 (4.7) を用いた．これは，さらに以下と同値である．
$$\phi(\Im(a))\tau(\Im(b))\vec{c} = |\Im(a)|^2\vec{c}$$

これを四元数表現に戻すと，
$$\Im(a)c\Im(b) = |\Im(a)|^2 c$$

で，以下と同値である．
$$c\Im(b) = -\Im(a)c$$

ゆえに，式 (4.26) が導かれた．このとき，その一般解は以下で与えられる．
$$\vec{x} = \theta^-(a,b)\vec{c} + 2\left\{I_4 - \theta^-(a,b)\theta(a,b)\right\}\vec{p}$$

これを四元数表現に戻すと，式 (4.27) が得られる．以上で証明を終わる． □

(4) $ax - xb = c$ の具体的な例 これまでに紹介した例や問題で，定理 4.5 を確かめてみよう．

例 4.1(1) では，$ix - xi = 1$ で，解をもたなかった．実際，$a = b = i$, $c = 1$ な

ので，$ac = i$, $c\bar{b} = -i$ となり，$ac \neq c\bar{b}$ である．ゆえに，0 でない解をもたない．また，0 が解でないことも明らかなので，解はない．

例 4.1 (2) では，$ix - xi = j$ で，$x = x_0 + x_1 i - k/2$ $(x_0, x_1 \in \mathbb{R})$ が解であった．このとき，$a = b = i$, $c = j$ なので，$ac = k$, $c\bar{b} = k$ となり，$ac = c\bar{b}$ である．ゆえに，0 でない解をもつ．一般解は，$p \in \mathbb{H}$ に対して，

$$x = \frac{1}{4}(ji - ij) - ipi = p_0 + p_1 i - p_2 j - \left(p_3 + \frac{1}{2}\right)k$$

と計算されるので，$p_2 = p_3 = 0$ とすれば，同じ解を得る．

例 4.1 (3) では，$ix - xj = k$ で，解をもたなかった．実際，$a = i$, $b = j$, $c = k$ なので，$ac = -j$, $c\bar{b} = i$ となり，$ac \neq c\bar{b}$ である．ゆえに，0 でない解をもたない．また，0 が解でないことも明らかなので，解はない．

問題 4.1 では，$ix - xj = -1 + i - j - k$ で，$x = x_0 + x_1 i + (x_1 - 1)j - x_0 k$ $(x_0, x_1 \in \mathbb{R})$ が解である．このとき，$a = i$, $b = j$, $c = -1 + i - j - k$ なので，$ac = -1 - i + j - k$, $c\bar{b} = -1 - i + j - k$ となり，$ac = c\bar{b}$ が成り立つ．ゆえに，0 でない解をもつ．一般解は，$p \in \mathbb{H}$ に対して，

$$x = \frac{1}{2}(1 + i - j + k) - ipj$$
$$= \left(p_3 + \frac{1}{2}\right) + \left(-p_2 + \frac{1}{2}\right)i + \left(p_1 - \frac{1}{2}\right)j + \left(-p_0 + \frac{1}{2}\right)k$$

と計算されるので，$p_0 = x_0 - 1/2$, $p_1 = x_1 - 1/2$, $p_2 = -x_1 + 1/2$, $p_3 = x_0 - 1/2$ とすれば，同じ解が得られる．

4.2 簡単な 2 次方程式

この節では，$x^2 + a = 0$ $(a \in \mathbb{H})$ のタイプの 2 次方程式を考える．a が $\pm 1, \pm i, \pm j, \pm k$ のような簡単な場合には，以下の命題が成立している．この結果は，以後本書のいたるところで用いられる，非常に基本的ではあるが，重要な結果である．とくに，1 の場合だけ，解の個数が無限個存在することに注意しよう．

命題 4.1

1. $x^2 + 1 = 0$ の解は，$x = x_1 i + x_2 j + x_3 k$ で $x_1^2 + x_2^2 + x_3^2 = 1$ をみたすものである．したがって，解は無限個である．解集合は，$[i]$ とも表せる．

2. $x^2 - 1 = 0$ の解は，$x = \pm 1$

$$
\begin{aligned}
&3 \quad x^2 + i = 0 \text{ の解は, } x = \pm \frac{1-i}{\sqrt{2}} \\
&4 \quad x^2 - i = 0 \text{ の解は, } x = \pm \frac{1+i}{\sqrt{2}} \\
&5 \quad x^2 + j = 0 \text{ の解は, } x = \pm \frac{1-j}{\sqrt{2}} \\
&6 \quad x^2 - j = 0 \text{ の解は, } x = \pm \frac{1+j}{\sqrt{2}} \\
&7 \quad x^2 + k = 0 \text{ の解は, } x = \pm \frac{1-k}{\sqrt{2}} \\
&8 \quad x^2 - k = 0 \text{ の解は, } x = \pm \frac{1+k}{\sqrt{2}}
\end{aligned}
$$

証明 1 から 4 まで,詳しく証明をつけるが,残りの 5〜8 も同じような議論により示すことができるので,省略する.

1 まず,$z = a + bi + cj + dk$ に対して,式 (3.1) と式 (3.2) を用いると,

$$z^2 = (a + bi + cj + dk)^2 = a^2 - b^2 - c^2 - d^2 + 2abi + 2acj + 2adk$$

が成り立つ.したがって,z が $x^2 = -1$ の解なら,

$$a^2 - b^2 - c^2 - d^2 + 2abi + 2acj + 2adk = -1 \tag{4.28}$$

をみたさなくてはならない.ここで,実数 $a_1, a_2, b_1, b_2, c_1, c_2, d_1, d_2$ に対して,

$$a_1 + b_1 i + c_1 j + d_1 k = a_2 + b_2 i + c_2 j + d_2 k$$

と $a_1 = a_2$, $b_1 = b_2$, $c_1 = c_2$, $d_1 = d_2$ とが同値であることに注意すると,式 (4.28) より,

$$a^2 - b^2 - c^2 - d^2 = -1 \tag{4.29}$$
$$ab = 0 \tag{4.30}$$
$$ac = 0 \tag{4.31}$$
$$ad = 0 \tag{4.32}$$

が得られる.

まず,$a \neq 0$ とすると,式 (4.30)〜(4.32) から,$b = c = d = 0$ となる.これを式 (4.29) に代入すると $a^2 = -1$ となり,a は実数なので,これをみたす a はない.つぎに,$a = 0$ の場合を考える.これを式 (4.29) に代入すると $b^2 + c^2 + d^2 = 1$ とな

り，これをみたす実数の三つ組 (b,c,d) は，半径 1 の球の表面を表すので，無限個存在することがわかる．また，この解集合が $[i]$ になることも，定理 3.1 より導かれる．

2 同様にして，$z = a + bi + cj + dk$ に対して，z が $x^2 = 1$ の解なら，

$$a^2 - b^2 - c^2 - d^2 + 2abi + 2acj + 2adk = 1 \tag{4.33}$$

をみたさなくてはならない．式 (4.33) より，

$$a^2 - b^2 - c^2 - d^2 = 1 \tag{4.34}$$
$$ab = 0 \tag{4.35}$$
$$ac = 0 \tag{4.36}$$
$$ad = 0 \tag{4.37}$$

が得られる．

まず，$a \neq 0$ とすると，式 (4.35)〜(4.37) から $b = c = d = 0$ となる．これを式 (4.34) に代入すると $a^2 = 1$ となり，今度は $a = \pm 1$ の二つの解が存在する．つぎに，$a = 0$ の場合を考える．これを式 (4.34) に代入すると $b^2 + c^2 + d^2 = -1$ となり，逆に，これをみたす実数の三つ組 (b,c,d) は存在しない．

3 同じような議論から，$z = a + bi + cj + dk$ に対して，z が $x^2 = -i$ の解なら，

$$a^2 - b^2 - c^2 - d^2 + 2abi + 2acj + 2adk = -i \tag{4.38}$$

をみたさなくてはならない．式 (4.38) より，

$$a^2 - b^2 - c^2 - d^2 = 0 \tag{4.39}$$
$$2ab = -1 \tag{4.40}$$
$$ac = 0 \tag{4.41}$$
$$ad = 0 \tag{4.42}$$

が得られる．式 (4.40) より $a \neq 0$ なので，式 (4.41)，(4.42) から，$c = d = 0$ となる．これを式 (4.39) に代入すると $a^2 = b^2$ が得られる．式 (4.40) から $b = -1/(2a)$ なので，これを $a^2 = b^2$ に代入すると $a = \pm 1/\sqrt{2}$ が導かれる．ゆえに，$b = -1/(2a)$ から，$b = \mp 1/\sqrt{2}$ が得られる．以上より，解は $x = \pm(1-i)/\sqrt{2}$ である．

4 同様な議論から，$z = a + bi + cj + dk$ に対して，z が $x^2 = i$ の解なら，

$$a^2 - b^2 - c^2 - d^2 + 2abi + 2acj + 2adk = i \tag{4.43}$$

をみたさなくてはならない．式 (4.43) より，

$$a^2 - b^2 - c^2 - d^2 = 0 \tag{4.44}$$

$$2ab = 1 \tag{4.45}$$
$$ac = 0 \tag{4.46}$$
$$ad = 0 \tag{4.47}$$

が得られる．式 (4.45) より $a \neq 0$ なので，式 (4.46)，(4.47) から，$c = d = 0$ となる．これを式 (4.44) に代入すると $a^2 = b^2$ が得られる．式 (4.45) から $b = 1/(2a)$ なので，これを $a^2 = b^2$ に代入すると $a = \pm 1/\sqrt{2}$ が導かれる．ゆえに，$b = 1/(2a)$ から，$b = \pm 1/\sqrt{2}$ が得られる．以上より，解は $x = \pm(1+i)/\sqrt{2}$ である． □

4.3 一般の 2 次方程式

この節では，$x^2 + bx + c = 0$ $(b, c \in \mathbb{H})$ の解について考える．まず，そのために，以下の補題を準備する．

補題 4.5 $x^2 + bx + c = 0$ は，以下の式と同値である．

$$x_0^2 - x_1^2 - x_2^2 - x_3^2 + b_0 x_0 - b_1 x_1 - b_2 x_2 - b_3 x_3 + c_0 = 0,$$
$$2x_0 x_1 + b_1 x_0 + b_0 x_1 - b_3 x_2 + b_2 x_3 + c_1 = 0,$$
$$2x_0 x_2 + b_2 x_0 + b_3 x_1 + b_0 x_2 - b_1 x_3 + c_2 = 0,$$
$$2x_0 x_3 + b_3 x_0 - b_2 x_1 + b_1 x_2 + b_0 x_3 + c_3 = 0$$

証明は，$x^2 + bx + c = 0$ に $x = x_0 + x_1 i + x_2 j + x_3 k$, $b = b_0 + b_1 i + b_2 j + b_3 k$, $c = c_0 + c_1 i + c_2 j + c_3 k$ を代入することによって得られる．

では，上の補題を用いて，いくつかの例で 2 次方程式の解を求めてみよう．

例 4.3

（1）
$$x^2 + ix + 1 + j = 0 \tag{4.48}$$

このときは，$x = -i + k$, k が解である．実際，$b_1 = c_0 = c_2 = 1$, 他の成分はすべてゼロなので，補題 4.5 より，以下が得られる．

$$x_0^2 - x_1^2 - x_2^2 - x_3^2 - x_1 + 1 = 0 \tag{4.49}$$
$$2x_0 x_1 + x_0 = 0 \tag{4.50}$$
$$2x_0 x_2 - x_3 + 1 = 0 \tag{4.51}$$
$$2x_0 x_3 + x_2 = 0 \tag{4.52}$$

式 (4.52) より，

$$x_2 = -2x_0 x_3 \tag{4.53}$$

となり，これを式 (4.51) に代入して，

$$x_3 = \frac{1}{4x_0^2 + 1} \tag{4.54}$$

を得る．これを式 (4.53) に代入すると，つぎのようになる．

$$x_2 = -\frac{2x_0}{4x_0^2 + 1} \tag{4.55}$$

つぎに，式 (4.50) より，

$$(2x_1 + 1)x_0 = 0 \tag{4.56}$$

となる．まず，$x_0 = 0$ の場合を考える．このときは，式 (4.54)，(4.55) から $x_2 = 0$，$x_3 = 1$ を得る．さらに，式 (4.49) より $x_1 = 0, 1$ が導かれ，$x = -i + k$，k が得られる．つぎに，$x_0 \neq 0$ の場合を考える．このときは，式 (4.56) より $x_1 = -1/2$ が得られる．これと式 (4.54)，(4.55) を式 (4.49) に代入して x_0 だけの式にすると，$16x_0^4 + 24x_0^2 + 1 = 0$ が導かれる．しかし，これをみたす実数 x_0 ($\neq 0$) は存在しない．以上より，解は $x = -i + k$，k しかないことがわかる．

（2）
$$x^2 + ix + j = 0 \tag{4.57}$$

このときは，$x = (1 - i - j + k)/2$，$(-1 - i + j + k)/2$ が解である．実際，$b_1 = c_2 = 1$，他の成分はすべてゼロなので，補題 4.5 より，以下が得られる．

$$x_0^2 - x_1^2 - x_2^2 - x_3^2 - x_1 = 0 \tag{4.58}$$
$$2x_0 x_1 + x_0 = 0 \tag{4.59}$$
$$2x_0 x_2 - x_3 + 1 = 0 \tag{4.60}$$
$$2x_0 x_3 + x_2 = 0 \tag{4.61}$$

式 (4.61) より，

$$x_2 = -2x_0 x_3 \tag{4.62}$$

となり，これを式 (4.60) に代入して，

$$x_3 = \frac{1}{4x_0^2 + 1} \tag{4.63}$$

を得る．これを式 (4.62) に代入すると，つぎのようになる．

$$x_2 = -\frac{2x_0}{4x_0^2 + 1} \tag{4.64}$$

つぎに，式 (4.59) より，

$$(2x_1 + 1)x_0 = 0 \tag{4.65}$$

となる．まず，$x_0 = 0$ の場合を考える．このときは，式 (4.63), (4.64) から $x_2 = 0$, $x_3 = 1$ を得る．ここで，式 (4.58) より $x_1^2 + x_1 + 1 = 0$ が導かれ，これをみたす $x_1 \in \mathbb{R}$ は存在しない．よって，$x_0 = 0$ ではない．つぎに，$x_0 \neq 0$ の場合を考える．このときは，式 (4.65) より $x_1 = -1/2$ が得られる．これと式 (4.63), (4.64) を式 (4.58) に代入して x_0 だけの式にすると，$16x_0^4 + 8x_0^2 - 3 = 0$ が導かれる．したがって，$x_0 = \pm 1/2$ が得られ，$x = (1 - i - j + k)/2$, $(-1 - i + j + k)/2$ が解であることがわかる．

（3）
$$x^2 + ix + 1 + i + j = 0 \tag{4.66}$$

このときは，$x = (1 - 3i - j + k)/2$, $(-1 + i + j + k)/2$ が解である．実際，$b_1 = c_0 = c_1 = c_2 = 1$，他の成分はすべてゼロなので，補題 4.5 より，以下が得られる．

$$x_0^2 - x_1^2 - x_2^2 - x_3^2 - x_1 + 1 = 0 \tag{4.67}$$
$$2x_0x_1 + x_0 + 1 = 0 \tag{4.68}$$
$$2x_0x_2 - x_3 + 1 = 0 \tag{4.69}$$
$$2x_0x_3 + x_2 = 0 \tag{4.70}$$

式 (4.70) より，

$$x_2 = -2x_0x_3 \tag{4.71}$$

となり，これを式 (4.69) に代入して，

$$x_3 = \frac{1}{4x_0^2 + 1} \tag{4.72}$$

を得る．これを式 (4.71) に代入すると，

$$x_2 = -\frac{2x_0}{4x_0^2 + 1} \tag{4.73}$$

となる．まず，$x_0 = 0$ の場合を考える．しかし，式 (4.68) より，そのようなことはないことがわかる．よって，$x_0 \neq 0$ の場合を考える．このときは，式 (4.68) より，

$$x_1 = -\frac{x_0 + 1}{2x_0} \tag{4.74}$$

となる．これと式 (4.72), (4.73) を式 (4.67) に代入して x_0 だけの式にすると，$(4x_0^2 - 1)(4x_0^4 + 7x_0^2 + 1) = 0$ が導かれる．したがって，$x_0 = \pm 1/2$ が得られ，$x = (1 - 3i - j + k)/2, (-1 + i + j + k)/2$ が解であることが確かめられる．

いよいよ，一般の 2 次方程式の場合の結果を紹介しよう．複素数を係数にもつ 2 次方程式 $x^2 + bx + c = 0$ ($b, c \in \mathbb{C}$) の解が以下の式で与えられることは，よく知られている．

$$x = \frac{-b \pm \sqrt{b^2 - 4c}}{2}$$

しかし，四元数を係数にもつ 2 次方程式の場合には，このような一つの公式では表せず，状況は複雑である．じつは，以下の結果が Huang and So (2002)[15] により示されている．

> **定理 4.6** $x^2 + bx + c = 0$ ($b, c \in \mathbb{H}$) の解は以下の式で与えられる．
>
> 1. $b, c \in \mathbb{R}$ かつ $b^2 < 4c$ のとき，
>
> $$x = \frac{1}{2}(-b + \beta i + \gamma j + \delta k)$$
>
> ただし，$\beta, \gamma, \delta \in \mathbb{R}$ で $\beta^2 + \gamma^2 + \delta^2 = 4c - b^2$ である．
>
> 2. $b, c \in \mathbb{R}$ かつ $b^2 \geq 4c$ のとき，
>
> $$x = \frac{-b \pm \sqrt{b^2 - 4c}}{2}$$
>
> 3. $b \in \mathbb{R}$ かつ $c \notin \mathbb{R}$ のとき，
>
> $$x = \frac{-b}{2} \pm \frac{\rho}{2} \mp \frac{\Im(c)}{\rho}$$
>
> ただし，
>
> $$\rho = \sqrt{\frac{b^2 - 4\Re(c) + \sqrt{(b^2 - 4\Re(c))^2 + 16|\Im(c)|^2}}{2}}$$
>
> である．

4 $b \notin \mathbb{R}$ のとき,
$$x = \frac{-\Re(b)}{2} - (b' + T)^{-1}(c' - N)$$
ただし,
$$b' = \Im(b), \quad c' = c - \frac{\Re(b)}{2}\left(b - \frac{\Re(b)}{2}\right)$$
である. さらに, $B = |b'|^2 + 2\Re(c')$, $E = |c'|^2$, $D = 2\Re(b'c')$ とおいたとき, (T, N) は以下で与えられる.
(a) $D = 0$, $B^2 \geq 4E$ ならば, $T = 0$, $N = (B \pm \sqrt{B^2 - 4E})/2$.
(b) $D = 0$, $B^2 < 4E$ ならば, $T = \pm\sqrt{2\sqrt{E} - B}$, $N = \sqrt{E}$.
(c) $D \neq 0$ ならば, $T = \pm\sqrt{z}$, $N = (T^3 + BT + D)/(2T)$. ただし, z は 3 次多項式 $z^3 + 2Bz^2 + (B^2 - 4E)z - D^2$ のただ一つの正の解である.

じつは, それぞれの場合の具体的な例についてはすでに学んでいるので, 以下紹介する.

1 の場合は, 命題 4.1 の 1 でみた,
$$x^2 + 1 = 0$$
が対応する. このときは $b = 0$, $c = 1$ なので, $x = x_1 i + x_2 j + x_3 k$ で $x_1^2 + x_2^2 + x_3^2 = 1$ をみたすものが解となる.

2 の場合は, 命題 4.1 の 2 でみた,
$$x^2 - 1 = 0$$
が対応する. このときは $b = 0$, $c = -1$ なので, $x = \pm 1$ となる.

3 の場合は, 命題 4.1 の 3 でみた,
$$x^2 + i = 0$$
が対応する. このときは $b = 0$, $c = i$ なので, $\rho = \sqrt{2}$ より, $x = \pm(1 - i)/\sqrt{2}$ が解である.

4(a) の場合は, 例 4.3(1) でみた,
$$x^2 + ix + 1 + j = 0$$
が対応する. このときは $b = b' = i$, $c = c' = 1 + j$ なので, $D = 0$, $B = 3$, $E = 2$

となる．したがって，$(T, N) = (0, 2), (0, 1)$ となり，それぞれ $x = -i + k, k$ が解となる．

4(b) の場合は，例 4.3(2) でみた，
$$x^2 + ix + j = 0$$
が対応する．このときは $b = b' = i, c = c' = j$ なので，$D = 0, B = E = 1$ となる．したがって，$(T, N) = (1, 1), (-1, 1)$ となり，それぞれ $x = (1-i-j+k)/2, (-1-i+j+k)/2$ が解となる．

4(c) の場合は，例 4.3(3) でみた，
$$x^2 + ix + 1 + i + j = 0$$
が対応する．このときは $b = b' = i, c = c' = 1+i+j$ なので，$D = 2, B = E = 3$ となる．さらに，$z^3 + 6z^2 - 3z - 4 = 0$ のただ一つの正の解は $z = 1$ であることに注意すると，$(T, N) = (1, 3), (-1, 1)$ となり，それぞれ $x = (1-3i-j+k)/2, (-1+i+j+k)/2$ が解となる．

ここで，問題を解いてみよう[†1]．

問題 4.2 $x^2 - 2kx - 1 = 0$ を解け．

4.4 一般の次数の方程式

一般の場合の結果は限られている．この節ではそのごく一部を紹介する．まず以下の結果は，Niven[†2] (1941) によって得られた（文献 [17] を参照のこと）．

定理 4.7 $n = 1, 2, \ldots$ に対して，$a_i \in \mathbb{H}$ $(i = 1, 2, \ldots n)$ かつ $a_n \neq 0$ とする．このとき，
$$a_n x^n + a_{n-1} x^{n-1} + \cdots + a_1 x + a_0 = 0$$
は少なくとも一つの $\mathbb{H}$ の解をもつ．

また，以下の結果は，Eilenberg and Niven (1944)[11] による．

[†1] この結果は，第 8 章の左固有値を求めるときに用いられる．
[†2] Ivan Morton Niven (1915–1999) は，1947 年に円周率の無理数性の初等的な証明を見つけたことでも知られている．

定理 4.8

$$f(x) = a_0 x a_1 x \cdots x a_n + \phi(x)$$

とする．ただし，$a_i \,(\neq 0) \in \mathbb{H}$ $(i = 0, 1, \ldots, n)$ かつ $\phi(x)$ は単項式 $b_0 x b_1 x \cdots x b_k$ $(k < n)$ の有限和で，$b_i \,(\neq 0) \in \mathbb{H}$ $(i = 0, 1, \ldots, k)$ とする．このとき，$f(x) = 0$ は少なくとも一つの $\mathbb{H}$ の解をもつ．

最後に，$x^3 - 1 = 0$ の解を求めてみよう．問題 3.24 より，

$$x^3 = \Re(x)^3 - 3\Re(x)|\Im(x)|^2 + (3\Re(x)^2 - |\Im(x)|^2)\Im(x)$$

が成立している．したがって，$x^3 - 1 = 0$ はつぎと同値である．

$$x_0^3 - 3x_0(x_1^2 + x_2^2 + x_3^2) + \{3x_0^2 - (x_1^2 + x_2^2 + x_3^2)\}(x_1 i + x_2 j + x_3 k) = 1 \quad (4.75)$$

まず，$3x_0^2 - (x_1^2 + x_2^2 + x_3^2) \neq 0$ ならば，$x_1 i + x_2 j + x_3 k = 0$ より，$x_1 = x_2 = x_3 = 0$ となる．ゆえに，式 (4.75) から $x_0^3 = 1$ が導かれ，$x_0 = 1$，すなわち，$x = 1$ を得る．一方，$3x_0^2 - (x_1^2 + x_2^2 + x_3^2) = 0$ ならば，式 (4.75) から $x_0^3 = -1/8$ が得られるので，$x_0 = -1/2$ となる．したがって，$x = -1/2 + x_1 i + x_2 j + x_3 k$ で $x_1^2 + x_2^2 + x_3^2 = 3/4$ が導かれる．

以上から，$x^3 - 1 = 0$ の解は，

$$x = 1, \quad x = -\frac{1}{2} + x_1 i + x_2 j + x_3 k, \quad \text{ただし，} \quad x_1^2 + x_2^2 + x_3^2 = \frac{3}{4}$$

である．

複素数の範囲で解を考えると，

$$x = 1, \quad \frac{-1 \pm \sqrt{3}\,i}{2}$$

なので，この場合は複素数から四元数への拡張になっている．また，四元数の解は，四元数の極形式から得られた系 3.4 を用いて得られたものと一致していることも確かめられる．

問題 4.3 式 (4.75) を用いて，$x^3 + 1 = 0$ を解け．

第5章

四元数行列

この章では，まず四元数を成分にもつ四元数行列の簡単な性質について学ぶ．その後，量子力学でも使われるパウリ行列と四元数との関係について学習する．

5.1 四元数行列の性質

$M_{m \times n}(\mathbb{H})$ を四元数を成分にもつ $m \times n$ 行列全体とする．$\mathbb{H}^{m \times n}$ と表すこともある．とくに，$m = n$ のとき $M_n(\mathbb{H})$ と書く．同様に，$M_{m \times n}(\mathbb{C})$ と $M_{m \times n}(\mathbb{R})$ をそれぞれ複素数と実数を成分にもつ $m \times n$ 行列全体とし，$m = n$ のとき，それぞれ $M_n(\mathbb{C})$ と $M_n(\mathbb{R})$ と表す．

以下，本書で主に使う記法と用語を説明する．$A = (a_{st}) \in M_{m \times n}(\mathbb{H})$ に対して，

1. $\overline{A} = (\overline{a_{st}}) = (a_{st}^*)$ を A の**共役** (conjugate) という．
2. $^T A = (a_{ts})$ を A の**転置** (transpose) という．A^T と書くこともある．
3. $A^* = {}^T(\overline{A})$ を A の**共役転置** (conjugate transpose) という．

また，$A \in M_n(\mathbb{H})$ に対して，

1. A が**正規** (normal) とは，$AA^* = A^*A$ が成り立つときをいう．
2. A が**エルミート** (hermitian) とは，$A = A^*$ が成り立つときをいう．
3. A が**ユニタリ** (unitary) とは，$AA^* = A^*A = I$ が成り立つときをいう．ただし，I は $n \times n$ の単位行列である．n を強調するために I_n と書くこともある．
4. A が**可逆** (invertible) とは，ある $B \in M_n(\mathbb{H})$ が存在して，$AB = BA = I$ が成り立つときをいう．また，この A を**正則行列** (non-singular matrix) とよぶ．このとき，$B = A^{-1}$ と表し，A^{-1} を A の**逆行列** (inverse matrix) という．

問題 5.1 以下の行列 A は正規であることを示せ．

$$A = \begin{bmatrix} j & 0 \\ 0 & k \end{bmatrix}$$

問題 5.1 の結果より，$A^{-1} = A^*$ であること，すなわち，A がユニタリ行列であることもわかる．

問題 5.2 任意の $A \in M_n(\mathbb{H})$ に対して，$A = A_1 + A_2 j$ と一意的に表されることを示せ．ただし，$A_1, A_2 \in M_n(\mathbb{C})$ である．同様に，任意の $A \in M_n(\mathbb{H})$ に対して，$A = A_3 + j A_4$ と一意的に表されることも示せ．ただし，$A_3, A_4 \in M_n(\mathbb{C})$ である．

問題 5.3 任意の $A \in M_n(\mathbb{C})$ に対して，$jA = \overline{A}j$ を示せ．

命題 5.1

$A, B \in M_n(\mathbb{H})$ に対し，$AB = I$ ならば，$BA = I$ が成り立つ．

証明 $A = A_1 + A_2 j, B = B_1 + B_2 j$ と表す．ただし，$A_1, A_2, B_1, B_2 \in M_n(\mathbb{C})$ である．なお，上記の表現は一意的であることに注意しよう．このとき，以下がわかる．

$$AB = I$$
$$\Rightarrow (A_1 + A_2 j)(B_1 + B_2 j) = I$$
$$\Rightarrow (A_1 B_1 + A_2 j B_2 j) + (A_2 j B_1 + A_1 B_2 j) = I$$
$$\Rightarrow (A_1 B_1 + A_2 \overline{B_2} jj) + (A_2 \overline{B_1} j + A_1 B_2 j) = I$$
$$\Rightarrow (A_1 B_1 - A_2 \overline{B_2}) + (A_1 B_2 + A_2 \overline{B_1})j = I$$
$$\Rightarrow A_1 B_1 - A_2 \overline{B_2} = I, \quad A_1 B_2 + A_2 \overline{B_1} = O$$
$$\Rightarrow \begin{bmatrix} A_1 & A_2 \end{bmatrix} \begin{bmatrix} B_1 & B_2 \\ -\overline{B_2} & \overline{B_1} \end{bmatrix} = \begin{bmatrix} I & O \end{bmatrix}$$
$$\Rightarrow \begin{bmatrix} A_1 & A_2 \\ -\overline{A_2} & \overline{A_1} \end{bmatrix} \begin{bmatrix} B_1 & B_2 \\ -\overline{B_2} & \overline{B_1} \end{bmatrix} = \begin{bmatrix} I & O \\ O & I \end{bmatrix}$$
$$\Rightarrow \begin{bmatrix} B_1 & B_2 \\ -\overline{B_2} & \overline{B_1} \end{bmatrix} \begin{bmatrix} A_1 & A_2 \\ -\overline{A_2} & \overline{A_1} \end{bmatrix} = \begin{bmatrix} I & O \\ O & I \end{bmatrix}$$
$$\Rightarrow B_1 A_1 - B_2 \overline{A_2} = I, \quad B_1 A_2 + B_2 \overline{A_1} = O$$
$$\Rightarrow (B_1 A_1 - B_2 \overline{A_2}) + (B_1 A_2 + B_2 \overline{A_1})j = I$$
$$\Rightarrow (B_1 + B_2 j)(A_1 + A_2 j) = I$$
$$\Rightarrow BA = I$$

ここで，3 番目の矢印では $jB_2 = \overline{B_2} j$ の関係式を，7 番目の矢印では，$M_{2n}(\mathbb{C})$ ではこの命題が成立することをそれぞれ用いた．また，O は $n \times n$ のゼロ行列である． □

この命題 5.1 より，ユニタリの条件は $AA^* = I$ か $A^*A = I$，また，可逆の条件も $AB = I$ か $BA = I$ の一方だけで十分であることが導かれる．以下，いくつかの問題を解くことにより理解を深めよう．

問題 5.4 命題 5.1 の証明と同様にして，$A = A_1 + jA_2, B = B_1 + jB_2$ と表した場合について命題の証明を行え．ただし，$A_1, A_2, B_1, B_2 \in M_n(\mathbb{C})$ とする．なお，この表現も一意的である．

問題 5.5 以下の行列 A, B はユニタリであることを示せ．

$$A = \frac{1}{\sqrt{2}} \begin{bmatrix} 1+k & 0 \\ 0 & 1-j \end{bmatrix}, \quad B = \frac{1}{\sqrt{2}} \begin{bmatrix} 1 & i \\ j & k \end{bmatrix}$$

問題 5.6 以下の行列 A はユニタリであることを示せ．

$$A = \frac{1}{2} \begin{bmatrix} 1 & i & j & k \\ -i & 1 & k & -j \\ -j & -k & 1 & i \\ -k & j & -i & 1 \end{bmatrix}$$

問題 5.7 $A \in M_n(\mathbb{H})$ が正則行列ならば，逆行列 A^{-1} も正則行列で，$(A^{-1})^{-1} = A$ が成り立つことを示せ．

問題 5.8 $A, B \in M_n(\mathbb{H})$ がともに正則行列ならば，AB も正則行列で，$(AB)^{-1} = B^{-1}A^{-1}$ が成り立つことを示せ．

さて，$x, y \in \mathbb{H}$ に対して，ある $u \, (\neq 0) \in \mathbb{H}$ が存在して，$u^{-1}xu = y$ が成り立つとき，x と y とは相似といい，$x \sim y$ で表した．そして，この $\sim$ は同値関係を与え，x の同値類を $[x]$ と書いた．$A, B \in M_n(\mathbb{H})$ に対しても同様に，ある正則行列 $P \in M_n(\mathbb{H})$ が存在して，$P^{-1}AP = B$ が成り立つとき，A と B とは**相似** (similar) といい，$A \sim B$ で表す．また，そのような P が存在しないとき，A と B とは相似でないといい，$A \not\sim B$ と表す．この $\sim$ は**同値関係** (equivalence relation) を与え，A の同値類を $[A]$ と書く．すなわち，以下が成り立つ．

1　$A \sim A$（反射律）．
2　$A \sim B$ ならば，$B \sim A$（対称律）．
3　$A \sim B, B \sim C$ ならば，$A \sim C$（推移律）．

理由は以下である．

1 は $A = I^{-1}AI$ から明らか．
2 は $P^{-1}AP = B$ が成り立つとき，$(P^{-1})^{-1}BP^{-1} = A$ が導かれるので，P として P^{-1} をとればよい．

3 は $P_1^{-1}AP_1 = B$, $P_2^{-1}BP_2 = C$ が成り立つとき，$(P_1P_2)^{-1}AP_1P_2 = P_2^{-1}(P_1^{-1}AP_1)P_2 = P_2^{-1}BP_2 = C$ が導かれるので，P として P_1P_2 をとればよい．

5.2 正規直交基底の作り方

本節では，2×2 の四元数行列全体 $M_2(\mathbb{H})$ の正規直交基底を，ある 2×2 の四元数ユニタリ行列 U から作る方法を紹介する．

まず，2×2 の四元数ユニタリ行列 U を

$$U = \begin{bmatrix} a & b \\ c & d \end{bmatrix}$$

とおく．そしてこの U を $U = P + Q$ のように分解する．ただし，

$$P = \begin{bmatrix} a & b \\ 0 & 0 \end{bmatrix}, \quad Q = \begin{bmatrix} 0 & 0 \\ c & d \end{bmatrix}$$

とする．さらに，以下の 2×2 の行列 R と S を導入する．

$$R = \begin{bmatrix} c & d \\ 0 & 0 \end{bmatrix}, \quad S = \begin{bmatrix} 0 & 0 \\ a & b \end{bmatrix}$$

このとき，行列 P, Q, R, S の積の間に**表 5.1** のような九九に対応する掛算表のような関係式が成立している．ただし，掛算表の見方は，たとえば，$PQ = bR$ である．

表 5.1

	P	Q	R	S
P	aP	bR	aR	bP
Q	cS	dQ	cQ	dS
R	cP	dR	cR	dP
S	aS	bQ	aQ	bS

つぎに，以下の行列を導入する．

$$P_{11} = \begin{bmatrix} 1 & 0 \\ 0 & 0 \end{bmatrix}, \quad P_{12} = \begin{bmatrix} 0 & 1 \\ 0 & 0 \end{bmatrix}, \quad P_{21} = \begin{bmatrix} 0 & 0 \\ 1 & 0 \end{bmatrix}, \quad P_{22} = \begin{bmatrix} 0 & 0 \\ 0 & 1 \end{bmatrix}$$

ここで，

$$U = \begin{bmatrix} a & b \\ c & d \end{bmatrix}$$

であるから，$P = P_{11}U$, $R = P_{12}U$, $S = P_{21}U$, $Q = P_{22}U$ である．この，P, Q, R, S が，**トレース内積** $\langle A|B \rangle = \text{tr}(A^*B)$ に関する $M_2(\mathbb{H})$ の正規直交基底になっている．ここで，トレース tr は，

$$\text{tr}\left(\begin{bmatrix} x & y \\ z & w \end{bmatrix}\right) = x + w$$

のことである．

このとき，以下が成り立つ．

$$\langle P|P \rangle = \langle Q|Q \rangle = \langle R|R \rangle = \langle S|S \rangle = 1,$$
$$\langle P|Q \rangle = \langle P|R \rangle = \langle P|S \rangle = \langle Q|P \rangle = \langle Q|R \rangle = \cdots = 0$$

問題 5.9 $\langle B|A \rangle = \overline{\langle A|B \rangle}$ を確かめよ．

問題 5.10 $\langle P|P \rangle = 1$, $\langle P|Q \rangle = \langle P|R \rangle = 0$ を確かめよ．

したがって，ここが重要な点だが，$\{P, Q, R, S\}$ は $M_2(\mathbb{H})$ の正規直交基底なので，任意の $A \in M_2(\mathbb{H})$ はつぎの形に一意的に表されることがわかる．

$$A = c_p P + c_q Q + c_r R + c_s S$$

ただし，c_p, c_q, c_r, $c_s \in \mathbb{H}$ である．

問題 5.11 $\langle P_a|P_b \rangle = \delta_a(b)$ を確かめよ．ただし，$a, b \in \{11, 12, 21, 22\}$ である．また，$\delta_x(y) = 1$ $(y = x)$, $= 0$ $(y \neq x)$ である．

じつは，問題 5.11 より，$\{P_{11}, P_{12}, P_{21}, P_{22}\}$ は自明な $M_2(\mathbb{H})$ の正規直交基底になっている．

このような $\{P, Q, R, S\}$ の諸性質を用いると，四元数を用いた時間発展モデルである，四元数量子ウォークの挙動が調べられるのであるが，その詳細については付録で述べることにする．

5.3 四元数とパウリ行列

パウリ行列は以下で定義される三つの行列 $\{\sigma_x, \sigma_y, \sigma_z\}$ のことである．それぞれ，$\{\sigma_1, \sigma_2, \sigma_3\}$ と表されることもある．

$$\sigma_x = \sigma_1 = \begin{bmatrix} 0 & 1 \\ 1 & 0 \end{bmatrix}, \quad \sigma_y = \sigma_2 = \begin{bmatrix} 0 & -i \\ i & 0 \end{bmatrix}, \quad \sigma_z = \sigma_3 = \begin{bmatrix} 1 & 0 \\ 0 & -1 \end{bmatrix}$$

じつは，$\{I/\sqrt{2}, \sigma_x/\sqrt{2}, \sigma_y/\sqrt{2}, \sigma_z/\sqrt{2}\}$ は，前節で紹介した $\{P, Q, R, S\}$ と同様に $M_2(\mathbb{H})$ の正規直交基底になっている．ただし，I は 2×2 の単位行列とする．以下でそれを確かめてみよう．

まず，$\langle \sigma_a | \sigma_b \rangle = 2\delta_a(b)$ が成り立つ．ただし，$a, b \in \{x, y, z\}$ かつ，$\delta_x(y) = 1\ (y = x), = 0\ (y \neq x)$ である．また，$\langle I | \sigma_a \rangle = \langle \sigma_a | I \rangle = 0$ が成り立つ．ただし，$a \in \{x, y, z\}$ である．さらに，$\langle I | I \rangle = 2$ もわかる．以上より，$\{I/\sqrt{2}, \sigma_x/\sqrt{2}, \sigma_y/\sqrt{2}, \sigma_z/\sqrt{2}\}$ は $M_2(\mathbb{H})$ の正規直交基底になっていることがわかった．

つぎに，$\{I, \sigma_x, \sigma_y, \sigma_z\}$ の間の積の関係について考えるため，表 5.2 の掛算表を用意する．ただし，I は 2×2 の単位行列とする．また，掛算表の見方は，たとえば $\sigma_x \sigma_y = i\sigma_z$ である．

表 5.2

	I	σ_x	σ_y	σ_z
I	I	σ_x	σ_y	σ_z
σ_x	σ_x	I	$i\sigma_z$	$-i\sigma_y$
σ_y	σ_y	$-i\sigma_z$	I	$i\sigma_x$
σ_z	σ_z	$i\sigma_y$	$-i\sigma_x$	I

表 5.3

	i	j	k	(a, b, c)
(1)	$a\sigma_x$	$b\sigma_y$	$c\sigma_z$	A
(2)	$a\sigma_x$	$b\sigma_z$	$c\sigma_y$	B
(3)	$a\sigma_y$	$b\sigma_x$	$c\sigma_z$	B
(4)	$a\sigma_y$	$b\sigma_z$	$c\sigma_x$	A
(5)	$a\sigma_z$	$b\sigma_y$	$c\sigma_x$	B
(6)	$a\sigma_z$	$b\sigma_x$	$c\sigma_y$	A

表 5.3 は，たとえば (1) なら，四元数の $i \leftrightarrow a\sigma_x$ と，$j \leftrightarrow b\sigma_y$，そして，$k \leftrightarrow c\sigma_z$ に対応させることが可能であることを示している[†]．ただし，三つ組 (a, b, c) は何でもよいわけではなく，A であれば $\{(a, b, c) : (i, i, -i), (i, -i, i), (-i, i, i), (-i, -i, -i)\}$ のときに，B であれば $\{(a, b, c) : (i, i, i), (i, -i, -i), (-i, i, -i), (-i, -i, i)\}$ のときに可能である．たとえば，(1) のとき，

$$i \leftrightarrow -i\sigma_x, \quad j \leftrightarrow -i\sigma_y, \quad k \leftrightarrow -i\sigma_z \tag{5.1}$$

で対応がうまくいき，また，(5) のときは，

$$i \leftrightarrow i\sigma_z, \quad j \leftrightarrow i\sigma_y, \quad k \leftrightarrow i\sigma_x \tag{5.2}$$

で対応がうまくいく．

ただし，

$$A = \{(a, b, c) : (i, i, -i), (i, -i, i), (-i, i, i), (-i, -i, -i)\},$$
$$B = \{(a, b, c) : (i, i, i), (i, -i, -i), (-i, i, -i), (-i, -i, i)\}$$

[†] 詳しくは，つぎのページ以降で説明する．

である．ここから，式 (5.2) の対応の場合を，具体的に考えてみよう．対応をみやすくするために，

$$Q_i = i\sigma_z, \quad Q_j = i\sigma_y, \quad Q_k = i\sigma_x$$

とおこう．このとき，

$$Q_i = \begin{bmatrix} i & 0 \\ 0 & -i \end{bmatrix}, \quad Q_j = \begin{bmatrix} 0 & 1 \\ -1 & 0 \end{bmatrix}, \quad Q_k = \begin{bmatrix} 0 & i \\ i & 0 \end{bmatrix}$$

になる．実際に，

$$Q_i^2 = Q_j^2 = Q_k^2 = -I,$$
$$Q_iQ_j = -Q_jQ_i = Q_k, \quad Q_jQ_k = -Q_kQ_j = Q_i, \quad Q_kQ_i = -Q_iQ_k = Q_j$$

が成り立っている．そして，四元数 x に対して，つぎのような $x \leftrightarrow Q_x$ の対応が成立している．

$$x = x_0 + x_1 i + x_2 j + x_3 k$$

この x に対して，

$$Q_x = x_0 I + x_1 Q_i + x_2 Q_j + x_3 Q_k$$
$$= \begin{bmatrix} x_0 & 0 \\ 0 & x_0 \end{bmatrix} + \begin{bmatrix} x_1 i & 0 \\ 0 & -x_1 i \end{bmatrix} + \begin{bmatrix} 0 & x_2 \\ -x_2 & 0 \end{bmatrix} + \begin{bmatrix} 0 & x_3 i \\ x_3 i & 0 \end{bmatrix}$$

が対応している．したがって，Q_x は

$$Q_x = \begin{bmatrix} x_0 + x_1 i & x_2 + x_3 i \\ -x_2 + x_3 i & x_0 - x_1 i \end{bmatrix} \tag{5.3}$$

と書ける．このことから，$x \in \mathbb{H}$ が単位四元数なら，$a, b \in \mathbb{C}$ として，

$$Q_x = \begin{bmatrix} a & b \\ -\bar{b} & \bar{a} \end{bmatrix}$$

のように 2×2 の複素数を成分にもつ行列として表せる．ただし，$a = x_0 + x_1 i, b = x_2 + x_3 i$ である．さらに，$x \in \mathbb{H}$ が単位四元数であることから，$\det[Q_x] = |a|^2 + |b|^2 = 1$ なので，$SU_2(\mathbb{C})$ と一対一に対応がつくことがわかる．ただし，$SU_2(\mathbb{C})$ は 2×2 のユニタリ行列で，とくにその行列式が 1 の行列全体である．

たとえば，式 (5.3) の対応を用いて積 xy を考えると，

$$Q_x Q_y = \begin{bmatrix} x_0 + x_1 i & x_2 + x_3 i \\ -x_2 + x_3 i & x_0 - x_1 i \end{bmatrix} \begin{bmatrix} y_0 + y_1 i & y_2 + y_3 i \\ -y_2 + y_3 i & y_0 - y_1 i \end{bmatrix}$$
$$= (x_0 y_0 - x_1 y_1 - x_2 y_2 - x_3 y_3) I$$
$$\quad + (x_0 y_1 + x_1 y_0 + x_2 y_3 - x_3 y_2) Q_i$$
$$\quad + (x_0 y_2 - x_1 y_3 + x_2 y_0 + x_3 y_1) Q_j$$
$$\quad + (x_0 y_3 + x_1 y_2 - x_2 y_1 + x_3 y_0) Q_k$$
$$= Q_{xy}$$

となる.また,$\det[Q_x] = x_0^2 + x_1^2 + x_2^2 + x_3^2 = |x|^2$ に注意すると,以下が得られる.

$$Q_{x^{-1}} = (Q_x)^{-1} = \begin{bmatrix} x_0 + x_1 i & x_2 + x_3 i \\ -x_2 + x_3 i & x_0 - x_1 i \end{bmatrix}^{-1}$$
$$= \frac{1}{|x|^2} \begin{bmatrix} x_0 - x_1 i & -x_2 - x_3 i \\ x_2 - x_3 i & x_0 + x_1 i \end{bmatrix} = Q_{x^*/|x|^2}$$

つぎに,式 (5.1) の対応の場合を,具体的に考えてみよう.対応をみやすくするために,

$$\tilde{Q}_i = -i\sigma_x, \quad \tilde{Q}_j = -i\sigma_y, \quad \tilde{Q}_k = -i\sigma_z$$

とおこう.このとき,

$$\tilde{Q}_i = \begin{bmatrix} 0 & -i \\ -i & 0 \end{bmatrix}, \quad \tilde{Q}_j = \begin{bmatrix} 0 & -1 \\ 1 & 0 \end{bmatrix}, \quad \tilde{Q}_k = \begin{bmatrix} -i & 0 \\ 0 & i \end{bmatrix}$$

になる.実際に,

$$\tilde{Q}_i^2 = \tilde{Q}_j^2 = \tilde{Q}_k^2 = -I,$$
$$\tilde{Q}_i \tilde{Q}_j = -\tilde{Q}_j \tilde{Q}_i = \tilde{Q}_k, \quad \tilde{Q}_j \tilde{Q}_k = -\tilde{Q}_k \tilde{Q}_j = \tilde{Q}_i, \quad \tilde{Q}_k \tilde{Q}_i = -\tilde{Q}_i \tilde{Q}_k = \tilde{Q}_j$$

が成り立っている.そして,四元数 x に対して,つぎのような関係が成立している.

$$x = x_0 + x_1 i + x_2 j + x_3 k$$

この x に対して,

$$\tilde{Q}_x = x_0 I + x_1 \tilde{Q}_i + x_2 \tilde{Q}_j + x_3 \tilde{Q}_k$$
$$= \begin{bmatrix} x_0 & 0 \\ 0 & x_0 \end{bmatrix} + \begin{bmatrix} 0 & -x_1 i \\ -x_1 i & 0 \end{bmatrix} + \begin{bmatrix} 0 & -x_2 \\ x_2 & 0 \end{bmatrix} + \begin{bmatrix} -x_3 i & 0 \\ 0 & x_3 i \end{bmatrix}$$

が対応している．したがって，$\tilde{Q}_x$ は

$$\tilde{Q}_x = \begin{bmatrix} x_0 - x_3 i & -x_1 i - x_2 \\ -x_1 i + x_2 & x_0 + x_3 i \end{bmatrix}$$

と書ける．たとえば，この対応を用いて積 xy を考えると，

$$\begin{aligned}
\tilde{Q}_x \tilde{Q}_y &= \begin{bmatrix} x_0 - x_3 i & -x_1 i - x_2 \\ -x_1 i + x_2 & x_0 + x_3 i \end{bmatrix} \begin{bmatrix} y_0 - y_3 i & -y_1 i - y_2 \\ -y_1 i + y_2 & y_0 + y_3 i \end{bmatrix} \\
&= (x_0 y_0 - x_1 y_1 - x_2 y_2 - x_3 y_3) I \\
&\quad + (x_0 y_1 + x_1 y_0 + x_2 y_3 - x_3 y_2) \tilde{Q}_i \\
&\quad + (x_0 y_2 - x_1 y_3 + x_2 y_0 + x_3 y_1) \tilde{Q}_j \\
&\quad + (x_0 y_3 + x_1 y_2 - x_2 y_1 + x_3 y_0) \tilde{Q}_k \\
&= \tilde{Q}_{xy}
\end{aligned}$$

となる．

この節で学んだように，四元数とパウリ行列とは密接に対応している．

第6章 複素数と回転

つぎの章で四元数と空間内での回転について学ぶ準備として，この章では，複素数と平面上での回転との関係について学習する．すでによくご存じの方は，記号だけ確認し，ざっとながめていただければ結構である．

6.1 平面のベクトル

V^2 を平面ベクトル全体の集合とする．最初に，いくつかの記法などを幾何学的なイメージを重視して紹介する．

平面のベクトルとは，方向と長さをもったもので，通常矢印を使って表す．矢印の始点を A，終点を B とするとき，$\overrightarrow{AB}$ と書く．

原点を $O = (0, 0)$ とする．平面上の点 $A = (a_1, a_2)$ に対して，矢印 $\overrightarrow{OA}$ に対応するベクトル $\mathbf{a}$ をとくに位置ベクトルといい，以下で表す．

$$\mathbf{a} = \begin{bmatrix} a_1 \\ a_2 \end{bmatrix}$$

任意のベクトルは，ある点の位置ベクトルである（図 6.1 参照）．これによって，平面の点と V^2 のベクトルが一対一に対応する．

以下の特別な二つのベクトルを V^2 の**単位ベクトル**という．

$$\mathbf{e}_1 = \begin{bmatrix} 1 \\ 0 \end{bmatrix}, \quad \mathbf{e}_2 = \begin{bmatrix} 0 \\ 1 \end{bmatrix}$$

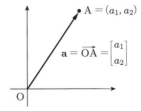

図 6.1 位置ベクトル

任意のベクトル

$$\mathbf{a} = \begin{bmatrix} a_1 \\ a_2 \end{bmatrix}$$

は，

$$\mathbf{a} = a_1 \mathbf{e}_1 + a_2 \mathbf{e}_2$$

と表される．また，二つのベクトル $\mathbf{a}, \mathbf{b}$ が平行でないとき，**線形独立** という．二つのベクトル $\mathbf{a}, \mathbf{b}$ が線形独立のとき，任意のベクトルは $c_1 \mathbf{a} + c_2 \mathbf{b}$ の形に一意的に表される．この形のベクトルを，$\mathbf{a}, \mathbf{b}$ の**線形結合**という．

問題 6.1 2 点 A, B の位置ベクトルをそれぞれ $\mathbf{a}, \mathbf{b}$ とするとき，線分 AB の中点の位置ベクトル $\mathbf{c}$ を求めよ．

平面ベクトル $\mathbf{a} = \begin{bmatrix} a_1 \\ a_2 \end{bmatrix}$ の**長さ** (length)，あるいは**ノルム** (norm) $\|\mathbf{a}\|$ を

$$\|\mathbf{a}\| = \sqrt{a_1^2 + a_2^2}$$

で定める．二つのベクトル $\mathbf{a}, \mathbf{b}$ の交角を θ $(0 \leq \theta \leq \pi)$ とすると，余弦定理から，

$$\|\mathbf{a}\| \|\mathbf{b}\| \cos \theta = \frac{1}{2} \left(\|\mathbf{a}\|^2 + \|\mathbf{b}\|^2 - \|\mathbf{b} - \mathbf{a}\|^2 \right) \tag{6.1}$$

が成り立つ．この等しい両辺を $\mathbf{a}, \mathbf{b}$ の**内積** (inner product) とよび，$\langle \mathbf{a}, \mathbf{b} \rangle$ で表す．位置ベクトルで表すと，

$$\mathbf{a} = \begin{bmatrix} a_1 \\ a_2 \end{bmatrix}, \quad \mathbf{b} = \begin{bmatrix} b_1 \\ b_2 \end{bmatrix}$$

に対して，

$$\langle \mathbf{a}, \mathbf{b} \rangle = a_1 b_1 + a_2 b_2$$

と書ける．また，以下の関係式が成り立つことに注意しよう．

$$\|\mathbf{a}\| = \sqrt{\langle \mathbf{a}, \mathbf{a} \rangle}$$

問題 6.2 以下の $\mathbf{a}, \mathbf{b}$ に対して，$\langle \mathbf{a}, \mathbf{b} \rangle$ を求めよ．

(1) $\mathbf{a} = \begin{bmatrix} 1 \\ 0 \end{bmatrix}$, $\mathbf{b} = \begin{bmatrix} 0 \\ 1 \end{bmatrix}$ (2) $\mathbf{a} = \begin{bmatrix} 1 \\ 1 \end{bmatrix}$, $\mathbf{b} = \begin{bmatrix} 1 \\ -1 \end{bmatrix}$ (3) $\mathbf{a} = \begin{bmatrix} 1 \\ 0 \end{bmatrix}$, $\mathbf{b} = \frac{1}{\sqrt{2}} \begin{bmatrix} 1 \\ 1 \end{bmatrix}$

式 (6.1) と内積の定義から，$\mathbf{a}, \mathbf{b} \neq \mathbf{0}$ に対して，
$$\cos \theta = \frac{\langle \mathbf{a}, \mathbf{b} \rangle}{\|\mathbf{a}\| \|\mathbf{b}\|} \tag{6.2}$$
が導かれる．これにより，$\langle \mathbf{a}, \mathbf{b} \rangle = 0$ のとき，$\theta = \pi/2$ となるので，$\mathbf{a}$ と $\mathbf{b}$ が**直交する**といい，$\mathbf{a} \perp \mathbf{b}$ と表す．

以下，二つのベクトル $\mathbf{a}, \mathbf{b}$ の張る平行四辺形の面積 S について考えよう（図 6.2 参照）．$\mathbf{a}, \mathbf{b}$ の交角を θ $(0 \leq \theta \leq \pi)$ とすると，
$$S = \|\mathbf{a}\| \|\mathbf{b}\| \sin \theta$$
なので，
$$S^2 = \|\mathbf{a}\|^2 \|\mathbf{b}\|^2 \sin^2 \theta = \|\mathbf{a}\|^2 \|\mathbf{b}\|^2 (1 - \cos^2 \theta) = \|\mathbf{a}\|^2 \|\mathbf{b}\|^2 - \langle \mathbf{a}, \mathbf{b} \rangle^2$$
となる．ゆえに，次式が得られる．
$$S = \sqrt{\|\mathbf{a}\|^2 \|\mathbf{b}\|^2 - \langle \mathbf{a}, \mathbf{b} \rangle^2}$$
位置ベクトルで表すと，
$$\mathbf{a} = \begin{bmatrix} a_1 \\ a_2 \end{bmatrix}, \quad \mathbf{b} = \begin{bmatrix} b_1 \\ b_2 \end{bmatrix}$$
に対して，
$$S = |a_1 b_2 - a_2 b_1|$$
と書ける．

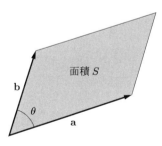

図 6.2　$\mathbf{a}, \mathbf{b}$ の張る平方四辺形

問題 6.3 以下の $\mathbf{a}, \mathbf{b}$ に対して，$\mathbf{a}, \mathbf{b}$ の張る平行四辺形の面積 S を求めよ．

(1) $\mathbf{a} = \begin{bmatrix} 1 \\ 0 \end{bmatrix}$, $\mathbf{b} = \begin{bmatrix} 0 \\ 1 \end{bmatrix}$　(2) $\mathbf{a} = \begin{bmatrix} 2 \\ 0 \end{bmatrix}$, $\mathbf{b} = \begin{bmatrix} 1 \\ 1 \end{bmatrix}$

つぎの諸性質は，定義やいままでの説明から明らかであろう．

命題 6.1 以下の関係式が成り立つ．

1. $|\langle \mathbf{a}, \mathbf{b} \rangle| \leq \|\mathbf{a}\|\|\mathbf{b}\|$
2. $\|\mathbf{a} + \mathbf{b}\| \leq \|\mathbf{a}\| + \|\mathbf{b}\|$
3. $\langle \mathbf{a}, \mathbf{b} \rangle = \langle \mathbf{b}, \mathbf{a} \rangle$
4. $c \in \mathbb{R}$ に対して，$c\langle \mathbf{a}, \mathbf{b} \rangle = \langle c\mathbf{a}, \mathbf{b} \rangle = \langle \mathbf{a}, c\mathbf{b} \rangle$
5. $\langle \mathbf{a}, \mathbf{b}_1 + \mathbf{b}_2 \rangle = \langle \mathbf{a}, \mathbf{b}_1 \rangle + \langle \mathbf{a}, \mathbf{b}_2 \rangle$
6. $\langle \mathbf{a}_1 + \mathbf{a}_2, \mathbf{b} \rangle = \langle \mathbf{a}_1, \mathbf{b} \rangle + \langle \mathbf{a}_2, \mathbf{b} \rangle$

ベクトル $\mathbf{a}\ (\neq \mathbf{0})$ があるとする．ベクトル $\mathbf{p}$ に対して，$\mathbf{a}$ に平行なベクトル $\mathbf{p}'$ で，$\mathbf{p} - \mathbf{p}'$ が $\mathbf{a}$ と直交するようなものがただ一つ存在する．この $\mathbf{p}$ を $\mathbf{p}'$ に対応させる変換 $P = P_\mathbf{a}$ を，V^2 上の $\mathbf{a}$ への**射影子** (projection (operator)) という．また，$\mathbf{p}' = P\mathbf{p}$ を $\mathbf{p}$ の $\mathbf{a}$ への**正射影** (orthogonal projection) という（図 6.3(a) 参照）．

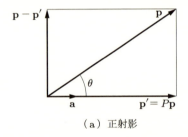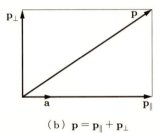

（a）正射影　　　　　（b）$\mathbf{p} = \mathbf{p}_\| + \mathbf{p}_\perp$

図 6.3　正射影

このとき，$\mathbf{p}'$ は，$\mathbf{a}, \mathbf{p}$ の交角を $\theta\ (0 \leq \theta \leq \pi)$ とすると，単位ベクトル $\mathbf{a}/\|\mathbf{a}\|$ の $\|\mathbf{p}\|\cos\theta$ 倍なので，

$$\mathbf{p}' = P\mathbf{p} = \|\mathbf{p}\|\cos\theta\frac{\mathbf{a}}{\|\mathbf{a}\|}$$

となり，

$$\mathbf{p}' = P\mathbf{p} = \frac{\langle \mathbf{a}, \mathbf{p} \rangle}{\langle \mathbf{a}, \mathbf{a} \rangle}\mathbf{a} \tag{6.3}$$

と表現できる．このとき，$\mathbf{a} = {}^T[a_1, a_2]$ への射影子 P を表す行列は，式 (6.3) より，

$$P = \frac{1}{a_1^2 + a_2^2} \begin{bmatrix} a_1^2 & a_1 a_2 \\ a_1 a_2 & a_2^2 \end{bmatrix} \tag{6.4}$$

となる．実際，

$$\frac{\langle \mathbf{a}, \mathbf{p} \rangle}{\langle \mathbf{a}, \mathbf{a} \rangle} \mathbf{a} = \frac{a_1 p_1 + a_2 p_2}{a_1^2 + a_2^2} \begin{bmatrix} a_1 \\ a_2 \end{bmatrix} = \frac{1}{a_1^2 + a_2^2} \begin{bmatrix} a_1^2 & a_1 a_2 \\ a_1 a_2 & a_2^2 \end{bmatrix} \begin{bmatrix} p_1 \\ p_2 \end{bmatrix} = P \mathbf{p}$$

なので，式 (6.4) が導かれる．

このとき，$P^2 = P$ が成り立つ．

問題 6.4 $P^2 = P$ を確かめよ．

ベクトル $\mathbf{p}$ の $\mathbf{a}$ に平行な成分を $\mathbf{p}_\parallel$ とし，$\mathbf{a}$ に直交する成分を $\mathbf{p}_\perp$ とすると，$\mathbf{p} = \mathbf{p}_\parallel + \mathbf{p}_\perp$ で，

$$\mathbf{p}_\parallel = \mathbf{p}' = \frac{\langle \mathbf{a}, \mathbf{p} \rangle}{\langle \mathbf{a}, \mathbf{a} \rangle} \mathbf{a}, \quad \mathbf{p}_\perp = \mathbf{p} - \mathbf{p}' = \mathbf{p} - \frac{\langle \mathbf{a}, \mathbf{p} \rangle}{\langle \mathbf{a}, \mathbf{a} \rangle} \mathbf{a}$$

と表せる（図 6.3(b) 参照）．

また，$\mathbf{a}$ それ自身が単位ベクトル，すなわち，$\|\mathbf{a}\| = 1$ のときは，

$$\mathbf{p}' = P \mathbf{p} = \langle \mathbf{a}, \mathbf{p} \rangle \mathbf{a}$$

となり，$\mathbf{a}$ への射影子 P の行列は，

$$P = \begin{bmatrix} a_1^2 & a_1 a_2 \\ a_1 a_2 & a_2^2 \end{bmatrix}$$

である．同様に，

$$\mathbf{p}_\parallel = \mathbf{p}' = \langle \mathbf{a}, \mathbf{p} \rangle \mathbf{a}, \quad \mathbf{p}_\perp = \mathbf{p} - \mathbf{p}' = \mathbf{p} - \langle \mathbf{a}, \mathbf{p} \rangle \mathbf{a}$$

と表せる．

問題 6.5

$$\mathbf{a} = \begin{bmatrix} 1 \\ 0 \end{bmatrix}, \quad \mathbf{p} = \begin{bmatrix} 2 \\ 1 \end{bmatrix}$$

のとき，$\mathbf{p}$ の $\mathbf{n}$ への正射影 $\mathbf{p}'$ を求めよ．

6.2 平面の回転

この節では,平面の回転について考えよう.平面上の点 A を原点 O を中心に角 θ 回転して,点 B に移ったとしよう(図 6.4).点 A と点 B の位置ベクトルをそれぞれ

$$\mathbf{a} = \begin{bmatrix} a_1 \\ a_2 \end{bmatrix}, \quad \mathbf{b} = \begin{bmatrix} b_1 \\ b_2 \end{bmatrix}$$

とすると,つぎの関係式が成り立つ.

$$b_1 = \cos\theta \cdot a_1 - \sin\theta \cdot a_2,$$
$$b_2 = \sin\theta \cdot a_1 + \cos\theta \cdot a_2$$

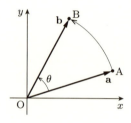

図 6.4 θ の回転

行列表示は,

$$\begin{bmatrix} b_1 \\ b_2 \end{bmatrix} = \begin{bmatrix} \cos\theta & -\sin\theta \\ \sin\theta & \cos\theta \end{bmatrix} \begin{bmatrix} a_1 \\ a_2 \end{bmatrix}$$

となる.ここで,この角 θ の回転を表す行列を

$$R(\theta) = \begin{bmatrix} \cos\theta & -\sin\theta \\ \sin\theta & \cos\theta \end{bmatrix}$$

とおくと,

$$\mathbf{b} = R(\theta)\mathbf{a}$$

と簡潔に表現できる.

問題 6.6 $R(0)$ を求めよ.

問題 6.7 $R(-\theta)$ を求めよ.

最初に角 θ_1 だけ回転し，さらに角 θ_2 だけ回転してみると，それは行列 $R(\theta_1)$ に引き続き $R(\theta_2)$ を作用させることになる．また，これは角 $\theta_1 + \theta_2$ だけ回転したことと同じであるので，つぎの関係式が成り立つ．

$$R(\theta_1 + \theta_2) = R(\theta_2)R(\theta_1) \tag{6.5}$$

したがって，$\theta_1 = \theta$, $\theta_2 = -\theta$ とすると，

$$I = R(0) = R(-\theta)R(\theta)$$

が導かれ，$R(-\theta) = R(\theta)^{-1}$ が得られる．なお，式 (6.5) を成分表示すると，以下のようになる．

$$\begin{aligned}R(\theta_1 + \theta_2) &= \begin{bmatrix} \cos(\theta_1 + \theta_2) & -\sin(\theta_1 + \theta_2) \\ \sin(\theta_1 + \theta_2) & \cos(\theta_1 + \theta_2) \end{bmatrix} \\ &= \begin{bmatrix} \cos\theta_1\cos\theta_2 - \sin\theta_1\sin\theta_2 & -(\sin\theta_1\cos\theta_2 + \cos\theta_1\sin\theta_2) \\ \sin\theta_1\cos\theta_2 + \cos\theta_1\sin\theta_2 & \cos\theta_1\cos\theta_2 - \sin\theta_1\sin\theta_2 \end{bmatrix} \\ &= R(\theta_2)R(\theta_1)\end{aligned}$$

また，x 軸に対する**折り返し** (symmetry)，すなわち，点を x 軸に対する対称点に移す作用を表す行列 S_x は，

$$S_x = \begin{bmatrix} 1 & 0 \\ 0 & -1 \end{bmatrix}$$

であり（図 6.5 参照），同様に y 軸に対する折り返しを表す行列 S_y は，

$$S_y = \begin{bmatrix} -1 & 0 \\ 0 & 1 \end{bmatrix}$$

である（図 6.6 参照）．

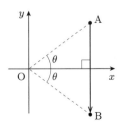

図 6.5 x 軸に対する折り返し

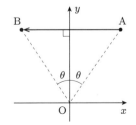

図 6.6 y 軸に対する折り返し

問題 6.8 $R(\pi/2)S_x$ を求めよ．

6.3 平面の回転と複素数

前節で，平面上の点 A を原点 O を中心に角 θ 回転して，点 B に移ったとしたとき，点 A と点 B の位置ベクトルをそれぞれ

$$\mathbf{a} = \begin{bmatrix} a_1 \\ a_2 \end{bmatrix}, \quad \mathbf{b} = \begin{bmatrix} b_1 \\ b_2 \end{bmatrix}$$

とすると，つぎの関係式が成り立つことがわかった．

$$\begin{aligned} b_1 &= \cos\theta \cdot a_1 - \sin\theta \cdot a_2, \\ b_2 &= \sin\theta \cdot a_1 + \cos\theta \cdot a_2 \end{aligned} \tag{6.6}$$

以下，この回転行列 $R(\theta)$ に対応する複素数を考えてみよう．じつは，

$$e^{\theta i} = \cos\theta + \sin\theta\, i$$

がそれに対応する．なぜなら，点 A と点 B の位置ベクトルをそれぞれ

$$\mathbf{a} = \begin{bmatrix} a_1 \\ a_2 \end{bmatrix}, \quad \mathbf{b} = \begin{bmatrix} b_1 \\ b_2 \end{bmatrix}$$

とするとき，それらに対応する複素数を $a_1 + a_2 i$, $b_1 + b_2 i$ とすると，

$$\begin{aligned} b_1 + b_2 i &= e^{\theta i}(a_1 + a_2 i) \\ &= \{\cos(\theta) + \sin(\theta)\, i\}(a_1 + a_2 i) \\ &= (\cos\theta \cdot a_1 - \sin\theta \cdot a_2) + (\sin\theta \cdot a_1 + \cos\theta \cdot a_2)i \end{aligned}$$

が成り立ち，したがって，式 (6.6) と同じつぎの関係式が導かれるからである．

$$\begin{aligned} b_1 &= \cos\theta \cdot a_1 - \sin\theta \cdot a_2, \\ b_2 &= \sin\theta \cdot a_1 + \cos\theta \cdot a_2 \end{aligned}$$

つぎに，最初に角 θ_1 だけ回転し，さらに角 θ_2 だけ回転することを考えてみよう．これは角 $\theta_1 + \theta_2$ だけ回転したことと同じになるが，複素数を使うと，

$$e^{(\theta_1 + \theta_2)i} = e^{\theta_2 i} e^{\theta_1 i} \tag{6.7}$$

に対応する．実際，左辺は

$$e^{(\theta_1+\theta_2)i} = \cos(\theta_1+\theta_2) + \sin(\theta_1+\theta_2)\,i$$

となり，右辺は

$$\begin{aligned}e^{\theta_2 i}e^{\theta_1 i} &= \{\cos(\theta_2)+\sin(\theta_2)\,i\}\{\cos(\theta_1)+\sin(\theta_1)\,i\}\\ &= (\cos\theta_1\cos\theta_2-\sin\theta_1\sin\theta_2)+(\sin\theta_1\cos\theta_2+\cos\theta_1\sin\theta_2)i\end{aligned}$$

と計算できるので，

$$\begin{aligned}\cos(\theta_1+\theta_2) &= \cos\theta_1\cos\theta_2-\sin\theta_1\sin\theta_2,\\ \sin(\theta_1+\theta_2) &= \sin\theta_1\cos\theta_2+\cos\theta_1\sin\theta_2\end{aligned}$$

より，式 (6.7) が確かめられる．このように，複素数と回転は大変よく対応がついている．では，四元数と回転についてはどうだろうか．つぎの章でみていこう．

第7章

四元数と回転

　この章では，まず平面での回転の拡張である空間での回転について理解する．つぎに，外積を用いた回転に関して学習した後，四元数と空間の回転との関係について学ぶ．そして最後に，空間の回転の行列表現を考える．7.4節で詳しく説明するが，空間の点を指定されたベクトルの周りに回転させる表現が四元数を用いて表せる．この表現を使うと，3次元のコンピュータグラフィックスや航空機の制御への応用が容易となる利点がある．

7.1　空間のベクトル

　平面の場合と同様に，空間のベクトルの諸性質について学習する．まず V^3 を空間ベクトル全体の集合とする．以下，いくつかの記法などを記す．

　まず，$\mathbf{a}, \mathbf{b}$ の**内積**を，$\langle \mathbf{a}, \mathbf{b} \rangle$ で表す．このとき，

$$\mathbf{a} = \begin{bmatrix} a_1 \\ a_2 \\ a_3 \end{bmatrix}, \quad \mathbf{b} = \begin{bmatrix} b_1 \\ b_2 \\ b_3 \end{bmatrix}$$

に対して，

$$\langle \mathbf{a}, \mathbf{b} \rangle = a_1 b_1 + a_2 b_2 + a_3 b_3$$

となる．とくに，$\langle \mathbf{a}, \mathbf{b} \rangle = 0$ のとき，$\mathbf{a}$ と $\mathbf{b}$ が**直交する**といい，$\mathbf{a} \perp \mathbf{b}$ と表す．また，$\mathbf{a}$ の**長さ**，あるいは**ノルム** $\|\mathbf{a}\|$ を

$$\|\mathbf{a}\| = \sqrt{\langle \mathbf{a}, \mathbf{a} \rangle} = \sqrt{a_1^2 + a_2^2 + a_3^2}$$

で定める．

　以下，平面の場合と同様に，二つのベクトル $\mathbf{a}, \mathbf{b}$ の張る平行四辺形の面積 S について考えよう．$\mathbf{a}, \mathbf{b}$ の交角を θ $(0 \leq \theta \leq \pi)$ とすると，

$$S = \|\mathbf{a}\| \|\mathbf{b}\| \sin \theta$$

なので，
$$S^2 = \|\mathbf{a}\|^2\|\mathbf{b}\|^2\sin^2\theta = \|\mathbf{a}\|^2\|\mathbf{b}\|^2(1-\cos^2\theta) = \|\mathbf{a}\|^2\|\mathbf{b}\|^2 - \langle\mathbf{a},\mathbf{b}\rangle^2$$
となる．ここで，$\langle\mathbf{a},\mathbf{b}\rangle = \|\mathbf{a}\|\|\mathbf{b}\|\cos\theta$ に注意しよう．ゆえに，
$$S = \sqrt{\|\mathbf{a}\|^2\|\mathbf{b}\|^2 - \langle\mathbf{a},\mathbf{b}\rangle^2}$$
となり，同じ表式が得られる．具体的に，
$$\mathbf{a} = \begin{bmatrix} a_1 \\ a_2 \\ a_3 \end{bmatrix}, \quad \mathbf{b} = \begin{bmatrix} b_1 \\ b_2 \\ b_3 \end{bmatrix}$$
のときは
$$\begin{aligned}S^2 &= \|\mathbf{a}\|^2\|\mathbf{b}\|^2 - \langle\mathbf{a},\mathbf{b}\rangle^2 \\ &= (a_1^2+a_2^2+a_3^2)(b_1^2+b_2^2+b_3^2) - (a_1b_1+a_2b_2+a_3b_3)^2 \\ &= (a_2b_3-a_3b_2)^2 + (a_3b_1-a_1b_3)^2 + (a_1b_2-a_2b_1)^2\end{aligned}$$
と計算できるので，
$$S = \sqrt{(a_2b_3-a_3b_2)^2 + (a_3b_1-a_1b_3)^2 + (a_1b_2-a_2b_1)^2}$$
となる．$a_3 = b_3 = 0$ の場合には $S = |a_1b_2 - a_2b_1|$ となり，平面の場合に帰着されることが確かめられる．

$\mathbf{a},\mathbf{b}$ が**線形独立**のとき，つぎの性質をもつベクトル $\mathbf{c}$ がただ一つ存在し，この $\mathbf{c}$ を $\mathbf{a},\mathbf{b}$ との**外積** (exterior product)，あるいは**ベクトル積** (vector product) といい，$\mathbf{a} \times \mathbf{b}$ で表す（図 7.1 参照）．

1 $\mathbf{a} \times \mathbf{b}$ は，$\mathbf{a}$ とも $\mathbf{b}$ とも直交する．
2 $\mathbf{a},\mathbf{b},\mathbf{a} \times \mathbf{b}$ は**右手系** (right-hand system) をなす．右手系とは，単位ベクトル $\mathbf{e}_1, \mathbf{e}_2, \mathbf{e}_3$ がそれぞれ右手の親指，人差し指，中指の上にあるような座標系のことをいう（図 7.2 参照）．
3 $\mathbf{a} \times \mathbf{b}$ の長さは，$\mathbf{a}$ と $\mathbf{b}$ の張る平行四辺形の面積に等しい．

また，$\mathbf{a},\mathbf{b}$ が線形独立でないときは，$\mathbf{a} \times \mathbf{b} = \mathbf{0}$ と定める．

このとき，定義より以下が成り立つ．

$$\mathbf{a} \times \mathbf{a} = \mathbf{0} \tag{7.1}$$
$$\langle\mathbf{a}, \mathbf{a} \times \mathbf{b}\rangle = \langle\mathbf{b}, \mathbf{a} \times \mathbf{b}\rangle = 0 \tag{7.2}$$

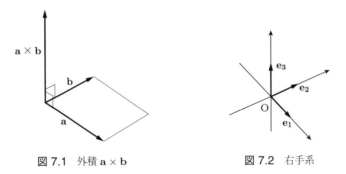

図 7.1　外積 $\mathbf{a} \times \mathbf{b}$　　　　図 7.2　右手系

$\mathbf{a} \times \mathbf{b}$ を右手座標系に関して位置ベクトルで表すと，

$$\mathbf{a} = \begin{bmatrix} a_1 \\ a_2 \\ a_3 \end{bmatrix}, \quad \mathbf{b} = \begin{bmatrix} b_1 \\ b_2 \\ b_3 \end{bmatrix}$$

に対して，

$$\mathbf{a} \times \mathbf{b} = \begin{bmatrix} c_1 \\ c_2 \\ c_3 \end{bmatrix}$$

と書ける．ただし，

$$c_1 = \det \begin{bmatrix} a_2 & b_2 \\ a_3 & b_3 \end{bmatrix} = a_2 b_3 - a_3 b_2,$$
$$c_2 = \det \begin{bmatrix} a_3 & b_3 \\ a_1 & b_1 \end{bmatrix} = a_3 b_1 - a_1 b_3,$$
$$c_3 = \det \begin{bmatrix} a_1 & b_1 \\ a_2 & b_2 \end{bmatrix} = a_1 b_2 - a_2 b_1$$

である．

実際に，1 の $\mathbf{a} \perp (\mathbf{a} \times \mathbf{b})$ と $\mathbf{b} \perp (\mathbf{a} \times \mathbf{b})$ は，$\langle \mathbf{a}, \mathbf{a} \times \mathbf{b} \rangle = \langle \mathbf{b}, \mathbf{a} \times \mathbf{b} \rangle = 0$ を示せばよい．これは，直接以下のように計算すれば確かめられる．

$$\langle \mathbf{a}, \mathbf{a} \times \mathbf{b} \rangle = a_1(a_2 b_3 - a_3 b_2) + a_2(a_3 b_1 - a_1 b_3) + a_3(a_1 b_2 - a_2 b_1)$$
$$= 0,$$
$$\langle \mathbf{b}, \mathbf{a} \times \mathbf{b} \rangle = b_1(a_2 b_3 - a_3 b_2) + b_2(a_3 b_1 - a_1 b_3) + b_3(a_1 b_2 - a_2 b_1)$$
$$= 0$$

また，3 は以下のように確かめられる．

$$\|\mathbf{a} \times \mathbf{b}\|^2 = (a_2 b_3 - a_3 b_2)^2 + (a_3 b_1 - a_1 b_3)^2 + (a_1 b_2 - a_2 b_1)^2$$
$$= (a_1^2 + a_2^2 + a_3^2)(b_1^2 + b_2^2 + b_3^2) - (a_1 b_1 + a_2 b_2 + a_3 b_3)^2$$
$$= \|\mathbf{a}\|^2 \|\mathbf{b}\|^2 - \langle \mathbf{a}, \mathbf{b} \rangle^2$$

上の計算より，$\mathbf{a} \times \mathbf{b}$ の長さ $\|\mathbf{a} \times \mathbf{b}\|$ は，$\mathbf{a}$ と $\mathbf{b}$ の張る平行四辺形の面積 $\sqrt{\|\mathbf{a}\|^2 \|\mathbf{b}\|^2 - \langle \mathbf{a}, \mathbf{b} \rangle^2}$ に等しい．したがって，以下が成り立つ．

命題 7.1 $\mathbf{a}, \mathbf{b}$ の交角を θ $(0 \leq \theta \leq \pi)$ とすると，

$$\|\mathbf{a} \times \mathbf{b}\| = \|\mathbf{a}\| \|\mathbf{b}\| \sin \theta$$

となる．とくに，$\mathbf{a}, \mathbf{b}$ が直交するときは $\sin \theta = 1$ なので，以下が成り立つ．

$$\|\mathbf{a} \times \mathbf{b}\| = \|\mathbf{a}\| \|\mathbf{b}\|$$

以下，問題を通じて具体的に外積 $\mathbf{a} \times \mathbf{b}$ を計算してみよう．

問題 7.1 以下の $\mathbf{a}, \mathbf{b}$ に対して，$\mathbf{a} \times \mathbf{b}$ を求めよ．

(1) $\mathbf{a} = \begin{bmatrix} 1 \\ 0 \\ 0 \end{bmatrix}$, $\mathbf{b} = \begin{bmatrix} 0 \\ 1 \\ 0 \end{bmatrix}$ (2) $\mathbf{a} = \begin{bmatrix} 0 \\ 1 \\ 0 \end{bmatrix}$, $\mathbf{b} = \begin{bmatrix} 1 \\ 0 \\ 0 \end{bmatrix}$ (3) $\mathbf{a} = \begin{bmatrix} 0 \\ 1 \\ 0 \end{bmatrix}$, $\mathbf{b} = \begin{bmatrix} 0 \\ 0 \\ 1 \end{bmatrix}$

(4) $\mathbf{a} = \begin{bmatrix} 1 \\ -1 \\ 0 \end{bmatrix}$, $\mathbf{b} = \begin{bmatrix} 1 \\ 1 \\ 0 \end{bmatrix}$

つぎの外積に関する性質は，後でよく使われる．

命題 7.2 $\mathbf{a}, \mathbf{b}, \mathbf{c} \in V^3$ に対して，以下が成り立つ．
1. $\mathbf{a} \times \mathbf{b} = -\mathbf{b} \times \mathbf{a}$
2. $c \in \mathbb{R}$ に対して，$c(\mathbf{a} \times \mathbf{b}) = (c\mathbf{a}) \times \mathbf{b} = \mathbf{a} \times (c\mathbf{b})$
3. $(\mathbf{a} \times \mathbf{b}) \times \mathbf{c} = -\langle \mathbf{b}, \mathbf{c} \rangle \mathbf{a} + \langle \mathbf{a}, \mathbf{c} \rangle \mathbf{b}$
4. $\mathbf{a} \times (\mathbf{b} \times \mathbf{c}) = \langle \mathbf{a}, \mathbf{c} \rangle \mathbf{b} - \langle \mathbf{a}, \mathbf{b} \rangle \mathbf{c}$
5. $(\mathbf{a} \times \mathbf{b}) \times \mathbf{c} + (\mathbf{b} \times \mathbf{c}) \times \mathbf{a} + (\mathbf{c} \times \mathbf{a}) \times \mathbf{b} = \mathbf{0}$
6. $\mathbf{a} \times (\mathbf{b} \times \mathbf{c}) + \mathbf{b} \times (\mathbf{c} \times \mathbf{a}) + \mathbf{c} \times (\mathbf{a} \times \mathbf{b}) = \mathbf{0}$

証明 まず，以下のようにおこう．

$$\mathbf{a} = \begin{bmatrix} a_1 \\ a_2 \\ a_3 \end{bmatrix}, \quad \mathbf{b} = \begin{bmatrix} b_1 \\ b_2 \\ b_3 \end{bmatrix}, \quad \mathbf{c} = \begin{bmatrix} c_1 \\ c_2 \\ c_3 \end{bmatrix}$$

1 は,

$$\mathbf{a} \times \mathbf{b} = \begin{bmatrix} a_2 b_3 - a_3 b_2 \\ a_3 b_1 - a_1 b_3 \\ a_1 b_2 - a_2 b_1 \end{bmatrix} = - \begin{bmatrix} b_2 a_3 - b_3 a_2 \\ b_3 a_1 - b_1 a_3 \\ b_1 a_2 - b_2 a_1 \end{bmatrix} = -\mathbf{b} \times \mathbf{a}$$

2 は定義より明らか.

3 は以下のように示される. まず,

$$(\mathbf{a} \times \mathbf{b}) \times \mathbf{c} = \begin{bmatrix} a_2 b_3 - a_3 b_2 \\ a_3 b_1 - a_1 b_3 \\ a_1 b_2 - a_2 b_1 \end{bmatrix} \times \begin{bmatrix} c_1 \\ c_2 \\ c_3 \end{bmatrix}$$

$$= \begin{bmatrix} (a_3 b_1 - a_1 b_3)c_3 - (a_1 b_2 - a_2 b_1)c_2 \\ (a_1 b_2 - a_2 b_1)c_1 - (a_2 b_3 - a_3 b_2)c_3 \\ (a_2 b_3 - a_3 b_2)c_2 - (a_3 b_1 - a_1 b_3)c_1 \end{bmatrix}$$

である. 一方,

$$-\langle \mathbf{b}, \mathbf{c} \rangle \mathbf{a} + \langle \mathbf{a}, \mathbf{c} \rangle \mathbf{b}$$

$$= -(b_1 c_1 + b_2 c_2 + b_3 c_3) \begin{bmatrix} a_1 \\ a_2 \\ a_3 \end{bmatrix} + (a_1 c_1 + a_2 c_2 + a_3 c_3) \begin{bmatrix} b_1 \\ b_2 \\ b_3 \end{bmatrix}$$

$$= \begin{bmatrix} -(b_1 c_1 + b_2 c_2 + b_3 c_3)a_1 + (a_1 c_1 + a_2 c_2 + a_3 c_3)b_1 \\ -(b_1 c_1 + b_2 c_2 + b_3 c_3)a_2 + (a_1 c_1 + a_2 c_2 + a_3 c_3)b_2 \\ -(b_1 c_1 + b_2 c_2 + b_3 c_3)a_3 + (a_1 c_1 + a_2 c_2 + a_3 c_3)b_3 \end{bmatrix}$$

$$= \begin{bmatrix} (a_3 b_1 - a_1 b_3)c_3 - (a_1 b_2 - a_2 b_1)c_2 \\ (a_1 b_2 - a_2 b_1)c_1 - (a_2 b_3 - a_3 b_2)c_3 \\ (a_2 b_3 - a_3 b_2)c_2 - (a_3 b_1 - a_1 b_3)c_1 \end{bmatrix}$$

である. ゆえに, 求めたい式 $(\mathbf{a} \times \mathbf{b}) \times \mathbf{c} = -\langle \mathbf{b}, \mathbf{c} \rangle \mathbf{a} + \langle \mathbf{a}, \mathbf{c} \rangle \mathbf{b}$ を得る.

同様に, 4 は以下のように示される. まず,

$$\mathbf{a} \times (\mathbf{b} \times \mathbf{c}) = \begin{bmatrix} a_1 \\ a_2 \\ a_3 \end{bmatrix} \times \begin{bmatrix} b_2 c_3 - b_3 c_2 \\ b_3 c_1 - b_1 c_3 \\ b_1 c_2 - b_2 c_1 \end{bmatrix} = \begin{bmatrix} a_2(b_1 c_2 - b_2 c_1) - a_3(b_3 c_1 - b_1 c_3) \\ a_3(b_2 c_3 - b_3 c_2) - a_1(b_1 c_2 - b_2 c_1) \\ a_1(b_3 c_1 - b_1 c_3) - a_2(b_2 c_3 - b_3 c_2) \end{bmatrix}$$

である．一方，
$$\langle \mathbf{a}, \mathbf{c} \rangle \mathbf{b} - \langle \mathbf{a}, \mathbf{b} \rangle \mathbf{c}$$
$$= (a_1 c_1 + a_2 c_2 + a_3 c_3) \begin{bmatrix} b_1 \\ b_2 \\ b_3 \end{bmatrix} - (a_1 b_1 + a_2 b_2 + a_3 b_3) \begin{bmatrix} c_1 \\ c_2 \\ c_3 \end{bmatrix}$$
$$= \begin{bmatrix} (a_1 c_1 + a_2 c_2 + a_3 c_3) b_1 - (a_1 b_1 + a_2 b_2 + a_3 b_3) c_1 \\ (a_1 c_1 + a_2 c_2 + a_3 c_3) b_2 - (a_1 b_1 + a_2 b_2 + a_3 b_3) c_2 \\ (a_1 c_1 + a_2 c_2 + a_3 c_3) b_3 - (a_1 b_1 + a_2 b_2 + a_3 b_3) c_3 \end{bmatrix}$$
$$= \begin{bmatrix} a_2 (b_1 c_2 - b_2 c_1) - a_3 (b_3 c_1 - b_1 c_3) \\ a_3 (b_2 c_3 - b_3 c_2) - a_1 (b_1 c_2 - b_2 c_1) \\ a_1 (b_3 c_1 - b_1 c_3) - a_2 (b_2 c_3 - b_3 c_2) \end{bmatrix}$$

である．ゆえに，求めたかった式 $\mathbf{a} \times (\mathbf{b} \times \mathbf{c}) = \langle \mathbf{a}, \mathbf{c} \rangle \mathbf{b} - \langle \mathbf{a}, \mathbf{b} \rangle \mathbf{c}$ を得る．

5 は，3 を用いると
$$(\mathbf{a} \times \mathbf{b}) \times \mathbf{c} + (\mathbf{b} \times \mathbf{c}) \times \mathbf{a} + (\mathbf{c} \times \mathbf{a}) \times \mathbf{b}$$
$$= (-\langle \mathbf{b}, \mathbf{c} \rangle \mathbf{a} + \langle \mathbf{a}, \mathbf{c} \rangle \mathbf{b}) + (-\langle \mathbf{c}, \mathbf{a} \rangle \mathbf{b} + \langle \mathbf{b}, \mathbf{a} \rangle \mathbf{c}) + (-\langle \mathbf{a}, \mathbf{b} \rangle \mathbf{c} + \langle \mathbf{c}, \mathbf{b} \rangle \mathbf{a})$$
$$= \mathbf{0}$$

となり示される．

同様に，6 は 4 を用いると
$$\mathbf{a} \times (\mathbf{b} \times \mathbf{c}) + \mathbf{b} \times (\mathbf{c} \times \mathbf{a}) + \mathbf{c} \times (\mathbf{a} \times \mathbf{b})$$
$$= (\langle \mathbf{a}, \mathbf{c} \rangle \mathbf{b} - \langle \mathbf{a}, \mathbf{b} \rangle \mathbf{c}) + (\langle \mathbf{b}, \mathbf{a} \rangle \mathbf{c} - \langle \mathbf{b}, \mathbf{c} \rangle \mathbf{a}) + (\langle \mathbf{c}, \mathbf{b} \rangle \mathbf{a} - \langle \mathbf{c}, \mathbf{a} \rangle \mathbf{b})$$
$$= \mathbf{0}$$

となり，確かめられる． □

7.2 空間の回転

これからの節では，空間の回転について学ぶ．

平面の場合と同じ議論から，x 軸，y 軸，z 軸の周りに角 θ だけ回転する変換の行列は，それぞれ以下で与えられる．

$$R_x(\theta) = \begin{bmatrix} 1 & 0 & 0 \\ 0 & \cos\theta & -\sin\theta \\ 0 & \sin\theta & \cos\theta \end{bmatrix}, \quad R_y(\theta) = \begin{bmatrix} \cos\theta & 0 & \sin\theta \\ 0 & 1 & 0 \\ -\sin\theta & 0 & \cos\theta \end{bmatrix},$$

$$R_z(\theta) = \begin{bmatrix} \cos\theta & -\sin\theta & 0 \\ \sin\theta & \cos\theta & 0 \\ 0 & 0 & 1 \end{bmatrix}$$

たとえば，$R_z(\theta_3)R_x(\theta_2)R_z(\theta_1)$ を計算すると以下のようになる．

$$R_z(\theta_3)R_x(\theta_2)R_z(\theta_1) = \begin{bmatrix} r_{11} & r_{12} & r_{13} \\ r_{21} & r_{22} & r_{23} \\ r_{31} & r_{32} & r_{33} \end{bmatrix}$$

ただし，

$r_{11} = \cos\theta_3\cos\theta_1 - \sin\theta_3\cos\theta_2\sin\theta_1,$
$r_{12} = -\cos\theta_3\sin\theta_1 - \sin\theta_3\cos\theta_2\cos\theta_1, \quad r_{13} = \sin\theta_3\sin\theta_2,$
$r_{21} = \sin\theta_3\cos\theta_1 + \cos\theta_3\cos\theta_2\sin\theta_1,$
$r_{22} = -\sin\theta_3\sin\theta_1 + \cos\theta_3\cos\theta_2\cos\theta_1, \quad r_{23} = -\cos\theta_3\sin\theta_2,$
$r_{31} = \sin\theta_2\sin\theta_1, \quad r_{32} = \sin\theta_2\cos\theta_1, \quad r_{33} = \cos\theta_2$

である．

同様に，今度は $R_z(\theta_3)R_y(\theta_2)R_x(\theta_1)$ を計算すると，

$$R_z(\theta_3)R_y(\theta_2)R_x(\theta_1) = \begin{bmatrix} s_{11} & s_{12} & s_{13} \\ s_{21} & s_{22} & s_{23} \\ s_{31} & s_{32} & s_{33} \end{bmatrix}$$

ただし，

$s_{11} = \cos\theta_3\cos\theta_2, \quad s_{12} = \cos\theta_3\sin\theta_2\sin\theta_1 - \sin\theta_3\cos\theta_1,$
$s_{13} = \cos\theta_3\sin\theta_2\cos\theta_1 + \sin\theta_3\sin\theta_1,$
$s_{21} = \sin\theta_3\cos\theta_2, \quad s_{22} = \sin\theta_3\sin\theta_2\sin\theta_1 + \cos\theta_3\cos\theta_1,$
$s_{23} = \sin\theta_3\sin\theta_2\cos\theta_1 - \cos\theta_3\sin\theta_1,$
$s_{31} = -\sin\theta_2, \quad s_{32} = \cos\theta_2\sin\theta_1, \quad s_{33} = \cos\theta_2\cos\theta_1$

である．

このように，どのような順番で作用させるかで成分が異なってくる．同様にして，以下の問題を考えてみよう．

問題 7.2

$$R_z(\theta_3)R_y(\theta_2)R_z(\theta_1) = \begin{bmatrix} t_{11} & t_{12} & t_{13} \\ t_{21} & t_{22} & t_{23} \\ t_{31} & t_{32} & t_{33} \end{bmatrix}$$

としたとき，各成分 t_{ab} を求めよ．

7.3 外積を用いた回転

平面の場合と同様に，空間にベクトル $\mathbf{a}\ (\neq \mathbf{0})$ があるとする．ベクトル $\mathbf{p}$ に対して，$\mathbf{a}$ に平行なベクトル $\mathbf{p}'$ で，$\mathbf{p} - \mathbf{p}'$ が $\mathbf{a}$ と直交するようなものがただ一つ存在する．この $\mathbf{p}$ を $\mathbf{p}'$ に対応させる変換 $P = P_\mathbf{a}$ を，V^3 上の $\mathbf{a}$ への**射影子**という．また，$\mathbf{p}' = P\mathbf{p} = P(\mathbf{p})$ を $\mathbf{p}$ の $\mathbf{a}$ への**正射影**という．このとき $\mathbf{a}, \mathbf{p}$ の交角を $\theta\ (0 \leq \theta \leq \pi)$ とすると，$\mathbf{p}'$ は単位ベクトル $\mathbf{a}/\|\mathbf{a}\|$ の $\|\mathbf{p}\|\cos\theta$ 倍なので，

$$\mathbf{p}' = P\mathbf{p} = \|\mathbf{p}\|\cos\theta \frac{\mathbf{a}}{\|\mathbf{a}\|}$$

となり，

$$\mathbf{p}' = P\mathbf{p} = \frac{\langle \mathbf{a}, \mathbf{p} \rangle}{\langle \mathbf{a}, \mathbf{a} \rangle}\mathbf{a} \tag{7.3}$$

と表現できる．このとき，$\mathbf{a}$ への射影子 P の行列は，式 (7.3) より

$$P = \frac{1}{a_1^2 + a_2^2 + a_3^2} \begin{bmatrix} a_1^2 & a_1 a_2 & a_1 a_3 \\ a_1 a_2 & a_2^2 & a_2 a_3 \\ a_1 a_3 & a_2 a_3 & a_3^2 \end{bmatrix}$$

となる．なおこのとき，$P^2 = P$ が成り立つ．

問題 7.3 $P^2 = P$ を確かめよ．

また，平面の場合と同じように，ベクトル $\mathbf{p}$ の $\mathbf{a}\ (\neq \mathbf{0})$ に平行な成分を $\mathbf{p}_\parallel$ とし，$\mathbf{a}$ に直交する成分を $\mathbf{p}_\perp$ とすると，$\mathbf{p} = \mathbf{p}_\parallel + \mathbf{p}_\perp$ で，

$$\mathbf{p}_\parallel = \mathbf{p}' = \frac{\langle \mathbf{a}, \mathbf{p} \rangle}{\langle \mathbf{a}, \mathbf{a} \rangle}\mathbf{a}, \quad \mathbf{p}_\perp = \mathbf{p} - \mathbf{p}' = \mathbf{p} - \frac{\langle \mathbf{a}, \mathbf{p} \rangle}{\langle \mathbf{a}, \mathbf{a} \rangle}\mathbf{a}$$

と表せる．さらに，$\mathbf{a}$ それ自身が単位ベクトル，すなわち，$\|\mathbf{a}\| = 1$ のときは

7.3 外積を用いた回転

$$\mathbf{p}' = P\mathbf{p} = \langle \mathbf{a}, \mathbf{p} \rangle \mathbf{a}$$

となり，$\mathbf{a}$ への射影子 P の行列は，$a_1^2 + a_2^2 + a_3^2 = 1$ なので

$$P = \begin{bmatrix} a_1^2 & a_1 a_2 & a_1 a_3 \\ a_1 a_2 & a_2^2 & a_2 a_3 \\ a_1 a_3 & a_2 a_3 & a_3^2 \end{bmatrix} \tag{7.4}$$

である．同様に，

$$\mathbf{p}_{\parallel} = \mathbf{p}' = \langle \mathbf{a}, \mathbf{p} \rangle \mathbf{a}, \quad \mathbf{p}_{\perp} = \mathbf{p} - \mathbf{p}' = \mathbf{p} - \langle \mathbf{a}, \mathbf{p} \rangle \mathbf{a}$$

と表せる．

前節では軸の周りの回転を考えた．ここでは外積を利用し，任意のベクトルの周りの回転を考える．

定理 7.1　外積による回転公式

単位ベクトル $\mathbf{a}$ があるとする．すなわち，$\|\mathbf{a}\| = 1$ である．任意の点 P を $\mathbf{a}$ の周りに θ だけ回転した点を P$'$ とする．このとき，P の位置ベクトルを $\mathbf{p}$，P$'$ の位置ベクトルを $\mathbf{p}'$ とおくと，以下の関係式が成り立つ．

$$\mathbf{p}' = \mathbf{p} + \sin\theta (\mathbf{a} \times \mathbf{p}) + (1 - \cos\theta)\{\mathbf{a} \times (\mathbf{a} \times \mathbf{p})\} \tag{7.5}$$

表現は変わるが，以下のそれぞれも同等の式である．

$$\mathbf{p}' = \langle \mathbf{a}, \mathbf{p} \rangle \mathbf{a} + \sin\theta (\mathbf{a} \times \mathbf{p}) - \cos\theta \{\mathbf{a} \times (\mathbf{a} \times \mathbf{p})\} \tag{7.6}$$

$$\mathbf{p}' = \cos\theta\, \mathbf{p} + \sin\theta (\mathbf{a} \times \mathbf{p}) + (1 - \cos\theta) \langle \mathbf{a}, \mathbf{p} \rangle \mathbf{a} \tag{7.7}$$

上の公式は，**ロドリゲスの回転公式**ともよばれる．この公式が表すベクトルの回転を図 7.3 に示す．

証明 図 7.4 を参照のこと．以下，$\|\mathbf{a}\| = 1$ に注意する．まず，

$$\mathbf{p} = \mathbf{p}_{\parallel} + \mathbf{p}_{\perp} \tag{7.8}$$

$$\mathbf{p}' = \mathbf{p}'_{\parallel} + \mathbf{p}'_{\perp} \tag{7.9}$$

のように，それぞれ $\mathbf{a}$ に平行な成分と直交する成分に一意的に分解する．定義から，

$$\mathbf{p}_{\parallel} = \mathbf{p}'_{\parallel} \tag{7.10}$$

$$\|\mathbf{p}_{\perp}\| = \|\mathbf{p}'_{\perp}\| \tag{7.11}$$

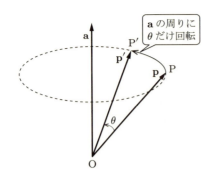
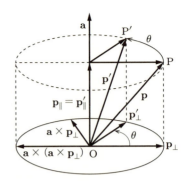

図 7.3 ロドリゲスの回転公式 図 7.4 証明に現れるベクトルの関係

が得られる．式 (7.8) と式 (7.10) から

$$\mathbf{p}'_\| = \mathbf{p} - \mathbf{p}_\perp \tag{7.12}$$

が導かれる．また，$\|\mathbf{a}\| = 1$ および $\mathbf{a}$ と $\mathbf{p}_\perp$ が直交していることに注意すると，命題 7.1 より，

$$\|\mathbf{a} \times \mathbf{p}_\perp\| = \|\mathbf{p}_\perp\| \tag{7.13}$$

と導かれる．

つぎに，$\mathbf{p}'_\perp$ の $\mathbf{p}_\perp$ への正射影は，$\mathbf{p}'_\perp, \mathbf{p}_\perp$ の交角は θ $(0 \le \theta \le \pi)$ なので，

$$P_{\mathbf{p}_\perp}(\mathbf{p}'_\perp) = \frac{\langle \mathbf{p}_\perp, \mathbf{p}'_\perp \rangle}{\langle \mathbf{p}_\perp, \mathbf{p}_\perp \rangle} \mathbf{p}_\perp = \frac{\|\mathbf{p}'_\perp\| \cos\theta}{\|\mathbf{p}_\perp\|} \mathbf{p}_\perp = \cos\theta \, \mathbf{p}_\perp \tag{7.14}$$

と導かれる．ただし，最後の等号は式 (7.11) から得られる．

同様に，$\mathbf{p}'_\perp$ の $\mathbf{a} \times \mathbf{p}_\perp$ への正射影は，$\mathbf{p}'_\perp, \mathbf{p}_\perp$ の交角を θ $(0 \le \theta \le \pi)$ とすると，

$$\begin{aligned} P_{\mathbf{a} \times \mathbf{p}_\perp}(\mathbf{p}'_\perp) &= \frac{\langle \mathbf{a} \times \mathbf{p}_\perp, \mathbf{p}'_\perp \rangle}{\langle \mathbf{a} \times \mathbf{p}_\perp, \mathbf{a} \times \mathbf{p}_\perp \rangle} (\mathbf{a} \times \mathbf{p}_\perp) = \frac{\|\mathbf{p}'_\perp\| \sin\theta}{\|\mathbf{a} \times \mathbf{p}_\perp\|} (\mathbf{a} \times \mathbf{p}_\perp) \\ &= \sin\theta \, (\mathbf{a} \times \mathbf{p}_\perp) \end{aligned} \tag{7.15}$$

が導かれる．ただし，最後の等号は式 (7.13) から得られる．

以上から，$\mathbf{p}_\perp$ と $\mathbf{a} \times \mathbf{p}_\perp$ は直交しているので，

$$\mathbf{p}'_\perp = P_{\mathbf{p}_\perp}(\mathbf{p}'_\perp) + P_{\mathbf{a} \times \mathbf{p}_\perp}(\mathbf{p}'_\perp)$$

が成り立っていることと，式 (7.14) と式 (7.15) より，

$$\mathbf{p}'_\perp = \cos\theta \, \mathbf{p}_\perp + \sin\theta \, (\mathbf{a} \times \mathbf{p}_\perp) \tag{7.16}$$

7.3 外積を用いた回転　91

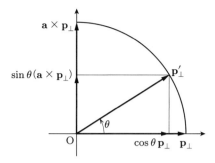

図 7.5　式 (7.16) の図形的意味

が得られる（図 7.5 参照）．式 (7.12) と式 (7.16) を式 (7.9) に代入すると，

$$\mathbf{p}' = \mathbf{p} - (1 - \cos\theta)\,\mathbf{p}_\perp + \sin\theta\,(\mathbf{a} \times \mathbf{p}_\perp) \tag{7.17}$$

となる．

一方，式 (7.8) と $\mathbf{a} \times \mathbf{p}_\parallel = \mathbf{0}$ から，

$$\mathbf{a} \times \mathbf{p} = \mathbf{a} \times (\mathbf{p}_\parallel + \mathbf{p}_\perp) = \mathbf{a} \times \mathbf{p}_\parallel + \mathbf{a} \times \mathbf{p}_\perp = \mathbf{a} \times \mathbf{p}_\perp$$

が導かれるので，

$$\mathbf{a} \times \mathbf{p}_\perp = \mathbf{a} \times \mathbf{p} \tag{7.18}$$

が得られる．式 (7.18)，命題 7.2 の 4 と $\langle \mathbf{a}, \mathbf{a} \rangle = 1$，$\langle \mathbf{a}, \mathbf{p}_\perp \rangle = 0$ を用いると，

$$\begin{aligned}
\mathbf{a} \times (\mathbf{a} \times \mathbf{p}) &= \mathbf{a} \times (\mathbf{a} \times \mathbf{p}_\perp) \\
&= \langle \mathbf{a}, \mathbf{p}_\perp \rangle \mathbf{a} - \langle \mathbf{a}, \mathbf{a} \rangle \mathbf{p}_\perp \\
&= -\mathbf{p}_\perp
\end{aligned}$$

なので，

$$\mathbf{p}_\perp = -\mathbf{a} \times (\mathbf{a} \times \mathbf{p}) \tag{7.19}$$

を得る．式 (7.18) と式 (7.19) を式 (7.17) に代入すると，

$$\mathbf{p}' = \mathbf{p} + (1 - \cos\theta)\,\{\mathbf{a} \times (\mathbf{a} \times \mathbf{p})\} + \sin\theta\,(\mathbf{a} \times \mathbf{p})$$

が導かれ，式 (7.5) が得られる．

上の証明で，式 (7.12) の代わりに

$$\mathbf{p}'_\parallel = \mathbf{p}_\parallel = \langle \mathbf{a}, \mathbf{p} \rangle \mathbf{a}$$

を用い，この式と式 (7.16) を式 (7.9) に代入すると，
$$\mathbf{p}' = \langle \mathbf{a}, \mathbf{p} \rangle \mathbf{a} + \cos\theta\, \mathbf{p}_\perp + \sin\theta\, (\mathbf{a} \times \mathbf{p}_\perp) \tag{7.20}$$
が得られる．式 (7.18) と式 (7.19) を式 (7.20) に代入すると，
$$\mathbf{p}' = \langle \mathbf{a}, \mathbf{p} \rangle \mathbf{a} + \sin\theta (\mathbf{a} \times \mathbf{p}) - \cos\theta\, \{\mathbf{a} \times (\mathbf{a} \times \mathbf{p})\}$$
が導かれ，式 (7.6) が得られる．

最後に，命題 7.2 の 4 と $\langle \mathbf{a}, \mathbf{a} \rangle = 1$ を用いると，
$$\mathbf{a} \times (\mathbf{a} \times \mathbf{p}) = \langle \mathbf{a}, \mathbf{p} \rangle \mathbf{a} - \langle \mathbf{a}, \mathbf{a} \rangle \mathbf{p} = \langle \mathbf{a}, \mathbf{p} \rangle \mathbf{a} - \mathbf{p}$$
となるので，式 (7.5) から式 (7.7) が導かれる． □

7.4 空間の回転と四元数

前節までは空間における実ベクトルの性質をみてきた．本節からいよいよ，四元数の適用方法とその性質をみていく．この節では，外積による回転公式が，じつは $p, q \in \mathbb{H}$ ($q \neq 0$) に対する qpq^{-1} の形に対応することを示すのを，目標の一つとする．なお，相似の定義に現れる形は，$q^{-1}pq$ であったことに注意する．

まず，$p = p_0 + p_1 i + p_2 j + p_3 k, q = q_0 + q_1 i + q_2 j + q_3 k \in \mathbb{H}$ ($p_n, q_n \in \mathbb{R}$) に対して，qpq^{-1} を具体的に求めよう．ただし，$q \neq 0$ とする．

$$\begin{aligned} qpq^{-1} &= q(p_0 + p_1 i + p_2 j + p_3 k) q^{-1} \\ &= \frac{1}{|q|^2} q(p_0 + p_1 i + p_2 j + p_3 k) q^* \\ &= p_0 + \frac{1}{|q|^2} \{p_1(qiq^*) + p_2(qjq^*) + p_3(qkq^*)\} \\ &\equiv p_0 + \frac{K}{|q|^2} \end{aligned}$$

なので，以下，K を命題 3.7 の 2, 6, 10 を用いて計算する．

$$\begin{aligned} K &= p_1(qiq^*) + p_2(qjq^*) + p_3(qkq^*) \\ &= p_1 \left\{ \left(q_0^2 + q_1^2 - q_2^2 - q_3^2\right) i + 2\left(q_0 q_3 + q_1 q_2\right) j + 2\left(-q_0 q_2 + q_1 q_3\right) k \right\} \\ &\quad + p_2 \left\{ 2\left(-q_0 q_3 + q_1 q_2\right) i + \left(q_0^2 - q_1^2 + q_2^2 - q_3^2\right) j + 2\left(q_0 q_1 + q_2 q_3\right) k \right\} \\ &\quad + p_3 \left\{ 2\left(q_0 q_2 + q_1 q_3\right) i + 2\left(-q_0 q_1 + q_2 q_3\right) j + \left(q_0^2 - q_1^2 - q_2^2 + q_3^2\right) k \right\} \end{aligned}$$

$$= \left\{q_0^2 - \left(q_1^2 + q_2^2 + q_3^2\right)\right\}(p_1 i + p_2 j + p_3 k)$$
$$+ 2(p_1 q_1 + p_2 q_2 + p_3 q_3)(q_1 i + q_2 j + q_3 k)$$
$$- 2q_0 \left\{(p_2 q_3 - p_3 q_2) i + (p_3 q_1 - p_1 q_3) j + (p_1 q_2 - p_2 q_1) k\right\}$$

同様に，$q^{-1}pq$ は $q_n \to -q_n$ $(n=1,2,3)$ とすればよい．したがって，以下が得られる．

> **命題 7.3** $p, q \in \mathbb{H}$ $(q \neq 0)$ に対して，つぎが成立する．
> $$qpq^{-1} = \Re(p) + \frac{1}{|q|^2}\left[\left\{\Re(q)^2 - |\Im(q)|^2\right\}\Im(p)\right.$$
> $$\left. + 2\langle\Im(p), \Im(q)\rangle\,\Im(q) - 2\Re(q)\left\{\Im(p) \times \Im(q)\right\}\right] \tag{7.21}$$
> $$q^{-1}pq = \Re(p) + \frac{1}{|q|^2}\left[\left\{\Re(q)^2 - |\Im(q)|^2\right\}\Im(p)\right.$$
> $$\left. + 2\langle\Im(p), \Im(q)\rangle\,\Im(q) + 2\Re(q)\left\{\Im(p) \times \Im(q)\right\}\right] \tag{7.22}$$

ただし，$q^{-1}pq$ についてはすでに命題 3.9 で得ている．またじつは，$q^{-1}pq$ で q を $-q$ とすると，式 (7.21) は導かれる．

さて，以上の準備のもとで，外積による回転公式と qpq^{-1} とを対応づけるために，具体的に，つぎのように $p, q \in \mathbb{H}$ をとる．
$$p = p_1 i + p_2 j + p_3 k,$$
$$q = \cos\phi + \sin\phi\,(a_1 i + a_2 j + a_3 k)$$

ただし，$p_n, a_n \in \mathbb{R}$, $\phi \in [0, 2\pi)$ で
$$a_1^2 + a_2^2 + a_3^2 = 1$$

である．よって，$|q|=1$ がただちにわかる．ゆえに，
$$\Re(p) = 0, \quad \Im(p) = p_1 i + p_2 j + p_3 k,$$
$$\Re(q) = \cos\phi, \quad \Im(q) = \sin\phi\,(a_1 i + a_2 j + a_3 k) = \sin\phi\,\Im(a)$$

となる．ここで，$a = a_1 i + a_2 j + a_3 k$ である．したがって，
$$|\Im(q)|^2 = \sin^2\phi\,(a_1^2 + a_2^2 + a_3^2) = \sin\phi^2,$$
$$\cos 2\phi = \cos^2\phi - \sin^2\phi, \quad 1 - \cos 2\phi = 2\sin^2\phi, \quad \sin 2\phi = 2\cos\phi\sin\phi$$

に注意して，式 (7.21) に代入して計算すると，

$$qpq^{-1} = (\cos^2\phi - \sin^2\phi)\,\Im(p) + 2\sin^2\phi\langle\Im(p),\Im(a)\rangle\,\Im(a)$$
$$\quad - 2\cos\phi\sin\phi\,\{\Im(p)\times\Im(a)\}$$
$$= \cos 2\phi\,\Im(p) + (1-\cos 2\phi)\langle\Im(p),\Im(a)\rangle\,\Im(a) - \sin 2\phi\,\{\Im(p)\times\Im(a)\}$$
$$= \cos 2\phi\,\Im(p) + \sin 2\phi\,\{\Im(a)\times\Im(p)\} + (1-\cos 2\phi)\langle\Im(a),\Im(p)\rangle\,\Im(a)$$

を得る．すなわち，

$$qpq^{-1} = \cos 2\phi\,\Im(p) + \sin 2\phi\,\{\Im(a)\times\Im(p)\} + (1-\cos 2\phi)\,\langle\Im(a),\Im(p)\rangle\,\Im(a) \tag{7.23}$$

となる．一方，外積による回転公式と同値な式の一つは，式 (7.7) で，以下であった．

$$\mathbf{p}' = \cos\theta\,\mathbf{p} + \sin\theta(\mathbf{a}\times\mathbf{p}) + (1-\cos\theta)\langle\mathbf{a},\mathbf{p}\rangle\mathbf{a} \tag{7.24}$$

したがって，式 (7.23) で

$$\theta = 2\phi, \quad \Im(p)\to\mathbf{p}, \quad \Im(a)\to\mathbf{a}$$

のような対応を考えると，同値な式を与えていることがわかる．

いままでの議論をまとめてみよう．まず，つぎのような $p, q \in \mathbb{H}$ を考える．

$$p = p_1 i + p_2 j + p_3 k, \quad q = \cos\phi + \sin\phi\,(a_1 i + a_2 j + a_3 k)$$

ただし，$p_n, a_n \in \mathbb{R}, \phi \in [0, 2\pi)$ かつ $a_1^2 + a_2^2 + a_3^2 = 1$ である．このとき，

$$qpq^{-1} = \cos 2\phi\,\Im(p) + \sin 2\phi\,\{\Im(a)\times\Im(p)\} + (1-\cos 2\phi)\,\langle\Im(a),\Im(p)\rangle\,\Im(a)$$

なので，$\theta = 2\phi, \Im(p) \to \mathbf{p}, \Im(a) \to \mathbf{a}$ と対応させると，外積による回転公式 (7.24) と一致させることができる．

以下で，四元数 $p = p_0 + p_1 i + p_2 j + p_3 k$ に対して，式 (7.22) を用いて相似関係 $p \sim p^*$ を示そう．すなわち，単位四元数 q が存在して，$p^* = q^{-1}pq$ が成り立つことを示す．これは，任意のベクトルの回転に対してそれを表現する q が必ず存在することも意味している．また，系 3.1 の証明にもなっている．

証明には，単位四元数 $q = q_1 i + q_2 j + q_3 k \in \mathbb{H}$ を，$\langle\Im(p),\Im(q)\rangle = 0$ となるようにとればよい．実際，

$$\Re(q) = 0, \quad |q| = |\Im(q)| = \sqrt{q_1^2 + q_2^2 + q_3^2} = 1 \tag{7.25}$$

なので，式 (7.22) を用いると，

$$q^{-1}pq = \Re(p) + \frac{1}{|q|^2}\left[\{\Re(q)^2 - |\Im(q)|^2\}\,\Im(p)\right.$$
$$\left.+2\langle\Im(p),\Im(q)\rangle\,\Im(q) + 2\Re(q)\{\Im(p)\times\Im(q)\}\right]$$
$$= \Re(p) - \Im(p) = p^*$$

が得られる．したがって，$p^* = q^{-1}pq$ が導かれるので，$p \sim p^*$ が示された．

例 7.1 $p = 1 + i + j + k$ に対して，式 (7.25) をみたす単位四元数として $q = (i + j - 2k)/\sqrt{6}$ をとるとき，$q^{-1}pq = 1 - i - j - k$ となり，たしかに $p^* = q^{-1}pq$ が成り立っている．この図形的な意味は，次節で説明する．

7.5 空間の回転の行列表現

この節では，外積による回転公式に対する行列表現を与え，いくつかの例について考えよう．まず，

$$\mathbf{a} = \begin{bmatrix} a_1 \\ a_2 \\ a_3 \end{bmatrix}, \quad \mathbf{p} = \begin{bmatrix} p_1 \\ p_2 \\ p_3 \end{bmatrix}$$

に対して，

$$\mathbf{a}\times\mathbf{p} = \begin{bmatrix} a_2p_3 - a_3p_2 \\ a_3p_1 - a_1p_3 \\ a_1p_2 - a_2p_1 \end{bmatrix} = \begin{bmatrix} 0 & -a_3 & a_2 \\ a_3 & 0 & -a_1 \\ -a_2 & a_1 & 0 \end{bmatrix}\begin{bmatrix} p_1 \\ p_2 \\ p_3 \end{bmatrix}$$

と書けるので，外積 $\mathbf{a}\times\mathbf{p}$ に対応する上の行列を $G_\mathbf{a}$ とおこう．したがって，$\mathbf{a}\times\mathbf{p} = G_\mathbf{a}\mathbf{p}$ と表される．つぎに，

$$\langle\mathbf{a},\mathbf{p}\rangle\mathbf{a} = \begin{bmatrix} (a_1p_1 + a_2p_2 + a_3p_3)a_1 \\ (a_1p_1 + a_2p_2 + a_3p_3)a_2 \\ (a_1p_1 + a_2p_2 + a_3p_3)a_3 \end{bmatrix} = \begin{bmatrix} a_1^2 & a_1a_2 & a_1a_3 \\ a_1a_2 & a_2^2 & a_2a_3 \\ a_1a_3 & a_2a_3 & a_3^2 \end{bmatrix}\begin{bmatrix} p_1 \\ p_2 \\ p_3 \end{bmatrix}$$

が導かれるが，この行列は $\|\mathbf{a}\| = 1$ のときの射影子の行列表現 $P_\mathbf{a} = P$ であった（式 (7.4) 参照）．ゆえに，求める回転の行列表現を $R_\mathbf{a}(\theta)$ とおくと，外積による回転公式の式 (7.7) より，

$$R_\mathbf{a}(\theta) = \cos\theta\, I + \sin\theta\, G_\mathbf{a} + (1 - \cos\theta)\, P_\mathbf{a}$$

$$= \cos\theta \begin{bmatrix} 1 & 0 & 0 \\ 0 & 1 & 0 \\ 0 & 0 & 1 \end{bmatrix} + \sin\theta \begin{bmatrix} 0 & -a_3 & a_2 \\ a_3 & 0 & -a_1 \\ -a_2 & a_1 & 0 \end{bmatrix}$$

$$+ (1 - \cos\theta) \begin{bmatrix} a_1^2 & a_1 a_2 & a_1 a_3 \\ a_1 a_2 & a_2^2 & a_2 a_3 \\ a_1 a_3 & a_2 a_3 & a_3^2 \end{bmatrix}$$

$$= \begin{bmatrix} C + a_1^2(1-C) & -a_3 S + a_1 a_2 (1-C) & a_2 S + a_1 a_3 (1-C) \\ a_3 S + a_1 a_2 (1-C) & C + a_2^2 (1-C) & -a_1 S + a_2 a_3 (1-C) \\ -a_2 S + a_1 a_3 (1-C) & a_1 S + a_2 a_3 (1-C) & C + a_3^2 (1-C) \end{bmatrix}$$

となる．ただし，$C = \cos\theta$, $S = \sin\theta$ である．

定理 7.2 単位ベクトル $\mathbf{a}$ があるとする．すなわち，$\|\mathbf{a}\| = 1$ とする．任意の点 P を $\mathbf{a}$ の周りに θ だけ回転した点を P$'$ とする．このとき，P の位置ベクトルを $\mathbf{p}$，P$'$ の位置ベクトルを $\mathbf{p}'$ とおくと，

$$\mathbf{a} = \begin{bmatrix} a_1 \\ a_2 \\ a_3 \end{bmatrix}, \quad \mathbf{p} = \begin{bmatrix} p_1 \\ p_2 \\ p_3 \end{bmatrix}$$

に対して，以下の関係式が成り立つ．

$$\mathbf{p}' = R_{\mathbf{a}}(\theta) \mathbf{p}$$

ただし，$C = \cos\theta$, $S = \sin\theta$ とおくと，

$$R_{\mathbf{a}}(\theta) = \begin{bmatrix} C + a_1^2(1-C) & -a_3 S + a_1 a_2 (1-C) & a_2 S + a_1 a_3 (1-C) \\ a_3 S + a_1 a_2 (1-C) & C + a_2^2 (1-C) & -a_1 S + a_2 a_3 (1-C) \\ -a_2 S + a_1 a_3 (1-C) & a_1 S + a_2 a_3 (1-C) & C + a_3^2 (1-C) \end{bmatrix} \tag{7.26}$$

が成り立つ．

7.5.1 軸の周りの回転

7.2 節で，x 軸，y 軸，z 軸の周りに角 θ だけ回転する変換の行列は，それぞれ以下で与えられたが，これを上の定理 7.2 を用いて確かめてみよう．

$$R_x(\theta) = \begin{bmatrix} 1 & 0 & 0 \\ 0 & \cos\theta & -\sin\theta \\ 0 & \sin\theta & \cos\theta \end{bmatrix}, \quad R_y(\theta) = \begin{bmatrix} \cos\theta & 0 & \sin\theta \\ 0 & 1 & 0 \\ -\sin\theta & 0 & \cos\theta \end{bmatrix},$$

$$R_z(\theta) = \begin{bmatrix} \cos\theta & -\sin\theta & 0 \\ \sin\theta & \cos\theta & 0 \\ 0 & 0 & 1 \end{bmatrix}$$

まず，$\mathbf{a} = \mathbf{e}_1 = {}^T[1,0,0]$ のときは $a_1 = 1$, $a_2 = a_3 = 0$ なので，$R_x = R_{\mathbf{e}_1}$ が確かめられる．ここで，T は転置を表す．同様にして，$\mathbf{a} = \mathbf{e}_2 = {}^T[0,1,0]$ のときは，$a_2 = 1, a_1 = a_3 = 0$ なので $R_y = R_{\mathbf{e}_2}$ が，$\mathbf{a} = \mathbf{e}_3 = {}^T[0,0,1]$ のときは $a_3 = 1, a_1 = a_2 = 0$ なので $R_z = R_{\mathbf{e}_3}$ が，それぞれ確かめられる．

7.5.2 軸以外のベクトル周りの回転

つぎに，軸以外のベクトル周りの回転を考える．$\mathbf{a} = {}^T[1/\sqrt{3}, 1/\sqrt{3}, 1/\sqrt{3}]$ のときをみてみよう．この場合は $a_1 = a_2 = a_3 = 1/\sqrt{3}$ なので，

$$R_{\mathbf{a}}(\theta) = \frac{1}{3}\begin{bmatrix} 1+2C & 1-\sqrt{3}S-C & 1+\sqrt{3}S-C \\ 1+\sqrt{3}S-C & 1+2C & 1-\sqrt{3}S-C \\ 1-\sqrt{3}S-C & 1+\sqrt{3}S-C & 1+2C \end{bmatrix}$$

となる．このときたとえば，$\theta = 2\pi/3$ のときは，

$$R_{\mathbf{a}}(2\pi/3) = \begin{bmatrix} 0 & 0 & 1 \\ 1 & 0 & 0 \\ 0 & 1 & 0 \end{bmatrix}$$

となる．実際に，$R_{\mathbf{a}}(2\pi/3)^3 = I$ となっている．また，$\mathbf{p} = {}^T[1,0,0]$ のとき，$\mathbf{p}' = R_{\mathbf{a}}(2\pi/3)\mathbf{p} = {}^T[0,1,0]$ に移ることもわかる．これは幾何学的にも明らかであろう．

なお，$\theta = \pi$ のときは，

$$R_{\mathbf{a}}(\pi) = \frac{1}{3}\begin{bmatrix} -1 & 2 & 2 \\ 2 & -1 & 2 \\ 2 & 2 & -1 \end{bmatrix}$$

となるが，これは 3×3 のグローヴァー行列（Grover matrix）とよばれるものである．名称の由来は，この行列は量子探索の手法として Grover (1996)[24] によって導入

されたグローヴァーのアルゴリズムに関係することからきている．一般に，$n \times n$ のグローヴァー行列は，ユニタリ行列 $U^{(G,n)} = [u^{(G,n)}(i,j)]_{1 \leq i,j \leq n}$ によって決まる．ただし，$u^{(G,n)}(i,j)$ は $U^{(G,n)}$ の (i,j) 成分で，具体的には以下で与えられる．

$$u^{(G,n)}(i,i) = 2/n - 1, \quad u^{(G,n)}(i,j) = 2/n \quad (i \neq j)$$

この場合は，$R_\mathbf{a}(\pi) = U^{(G,3)}$ が成り立っている．

問題 7.4 上記の設定で，$\theta = \pi/2$ のとき，$\mathbf{p} = {}^T[1,0,0]$ が移る点 $\mathbf{p}'$ を求めよ．

問題 7.5 $\mathbf{a} = {}^T[1/\sqrt{2}, 1/\sqrt{2}, 0]$ のときを考える．$\theta = \pi/2$ のとき，$\mathbf{p} = {}^T[1,0,0]$ が移る点 $\mathbf{p}'$ を求めよ．

7.5.3 四元数表現との対応

さて，例 7.1 と同様のことを回転行列 $R_\mathbf{a}(\theta)$ を用いて考える．このとき，$a = (i + j - 2k)/\sqrt{6}$ なので，$\mathbf{a} = {}^T[1/\sqrt{6}, 1/\sqrt{6}, -2/\sqrt{6}]$ とする．$\theta = \pi$ のとき，$\mathbf{p} = {}^T[1,1,1]$ が移る点を求めよう．この場合は $a_1 = a_2 = 1/\sqrt{6}, a_3 = -2/\sqrt{6}$ なので，

$$R_\mathbf{a}(\pi) = \frac{1}{3}\begin{bmatrix} -2 & 1 & -2 \\ 1 & -2 & -2 \\ -2 & -2 & 1 \end{bmatrix}$$

となり，$\mathbf{p}' = R_\mathbf{a}(\pi)\mathbf{p} = {}^T[-1, -1, -1]$ に移る．

それでは逆に，$\mathbf{p} = {}^T[1,1,1]$ が $\mathbf{p}' = R_\mathbf{a}(\theta)\mathbf{p} = {}^T[-1,-1,-1]$ に移るような

$$R_\mathbf{a}(\theta) = \begin{bmatrix} -1 & 0 & 0 \\ 0 & -1 & 0 \\ 0 & 0 & -1 \end{bmatrix} \tag{7.27}$$

をみたす単位ベクトル $\mathbf{a}$ と θ は存在するであろうか．

式 (7.26) より，行列の対角成分の和（トレース）は，$a_1^2 + a_2^2 + a_3^2 = 1$ から

$$\{C + a_1^2(1-C)\} + \{C + a_2^2(1-C)\} + \{C + a_3^2(1-C)\} = 2C + 1$$

となる．一方，式 (7.27) の対角成分の和は -3 なので，$2C + 1 = -3$，すなわち $C = -2$ とならなければならないが，$C = \cos\theta$ なのでそのようなことはあり得ない．よって，存在しないことがわかる．

7.6　Cauchy–Lagrange の恒等式

この節では，本章で用いた四元数と外積の関係を意識しつつ，Cauchy–Lagrange の恒等式

$$\begin{aligned}
\left(p_1^2 + p_2^2 + p_3^2 + p_4^2\right)&\left(q_1^2 + q_2^2 + q_3^2 + q_4^2\right) \\
= (p_1q_1 + p_2q_2 &+ p_3q_3 + p_4q_4)^2 \\
+ (p_0q_1 - p_1q_0)^2 &+ (p_0q_2 - p_2q_0)^2 + (p_0q_3 - p_3q_0)^2 \\
+ (p_2q_3 - p_3q_2)^2 &+ (p_3q_1 - p_1q_3)^2 + (p_1q_2 - p_2q_1)^2
\end{aligned} \quad (7.28)$$

を導出してみよう．具体的には，以下の 2 式を証明する．

$$\begin{aligned}
\left(p_1^2 + p_2^2 + p_3^2\right)&\left(q_1^2 + q_2^2 + q_3^2\right) \\
= (p_1q_1 + p_2q_2 &+ p_3q_3)^2 \\
+ (p_2q_3 - p_3q_2)^2 &+ (p_3q_1 - p_1q_3)^2 + (p_1q_2 - p_2q_1)^2
\end{aligned} \quad (7.29)$$

$$\begin{aligned}
\left(p_1^2 + p_2^2 + p_3^2 + p_4^2\right)&\left(q_1^2 + q_2^2 + q_3^2 + q_4^2\right) \\
= (p_1q_1 + p_2q_2 &+ p_3q_3 + p_4q_4)^2 \\
+ (p_0q_1 - p_1q_0)^2 &+ (p_0q_2 - p_2q_0)^2 + (p_0q_3 - p_3q_0)^2 \\
+ (p_2q_3 - p_3q_2)^2 &+ (p_3q_1 - p_1q_3)^2 + (p_1q_2 - p_2q_1)^2
\end{aligned} \quad (7.30)$$

まず，$p = p_0 + p_1 i + p_2 j + p_3 k$, $q = q_0 + q_1 i + q_2 j + q_3 k \in \mathbb{H}$ に対して，ベクトル $\mathbf{p}$, $\mathbf{q}$ をそれぞれ対応させる．また，$\hat{p} = \Im(p) = p_1 i + p_2 j + p_3 k$, $\hat{q} = \Im(q) = q_1 i + q_2 j + q_3 k$ に対して，ベクトル $\hat{\mathbf{p}}$, $\hat{\mathbf{q}}$ をそれぞれ対応させる．このとき，四元数の積より以下の式が得られる．

$$\mathbf{pq} = p_0 q_0 - \langle \hat{\mathbf{p}}, \hat{\mathbf{q}} \rangle + p_0 \hat{\mathbf{q}} + q_0 \hat{\mathbf{p}} + \hat{\mathbf{p}} \times \hat{\mathbf{q}} \quad (7.31)$$

この式より，$p_0 = q_0 = 0$ のときを考えると，

$$\hat{\mathbf{p}}\hat{\mathbf{q}} = -\langle \hat{\mathbf{p}}, \hat{\mathbf{q}} \rangle + \hat{\mathbf{p}} \times \hat{\mathbf{q}} \quad (7.32)$$

が導かれる．さらに，式 (7.32) より，

$$\Re(\hat{\mathbf{p}}\hat{\mathbf{q}}) = -\langle \hat{\mathbf{p}}, \hat{\mathbf{q}} \rangle, \quad \Im(\hat{\mathbf{p}}\hat{\mathbf{q}}) = \hat{\mathbf{p}} \times \hat{\mathbf{q}} \quad (7.33)$$

となる．ゆえに，式 (7.33) に注意すると，$\|\hat{\mathbf{p}}\hat{\mathbf{q}}\| = \|\hat{\mathbf{p}}\|\,\|\hat{\mathbf{q}}\|$ と式 (7.32) から，

$$\|\hat{\mathbf{p}}\|^2 \|\hat{\mathbf{q}}\|^2 = \|\hat{\mathbf{p}}\hat{\mathbf{q}}\|^2 = \langle \hat{\mathbf{p}}, \hat{\mathbf{q}} \rangle^2 + \|\hat{\mathbf{p}} \times \hat{\mathbf{q}}\|^2 \quad (7.34)$$

が得られる．したがって，式 (7.34) より，以下の Cauchy–Lagrange の恒等式が導かれる．

$$\left(p_1^2 + p_2^2 + p_3^2\right)\left(q_1^2 + q_2^2 + q_3^2\right)$$
$$= (p_1q_1 + p_2q_2 + p_3q_3)^2$$
$$+ (p_2q_3 - p_3q_2)^2 + (p_3q_1 - p_1q_3)^2 + (p_1q_2 - p_2q_1)^2$$

さらに，式 (7.31) より，$\hat{\mathbf{q}}^* = -\hat{\mathbf{q}}$ に注意すれば，

$$\mathbf{p}\mathbf{q}^* = p_0 q_0 + \langle \hat{\mathbf{p}}, \hat{\mathbf{q}} \rangle - p_0 \hat{\mathbf{q}} + q_0 \hat{\mathbf{p}} - \hat{\mathbf{p}} \times \hat{\mathbf{q}} \tag{7.35}$$

が得られる．ここで，$\langle \mathbf{p}, \mathbf{q} \rangle = p_0 q_0 + \langle \hat{\mathbf{p}}, \hat{\mathbf{q}} \rangle$ なので，式 (7.35) は

$$\mathbf{p}\mathbf{q}^* = \langle \mathbf{p}, \mathbf{q} \rangle - p_0 \hat{\mathbf{q}} + q_0 \hat{\mathbf{p}} - \hat{\mathbf{p}} \times \hat{\mathbf{q}} \tag{7.36}$$

と変形でき，さらに，

$$\Re(\mathbf{p}\mathbf{q}^*) = \langle \mathbf{p}, \mathbf{q} \rangle, \quad \Im(\mathbf{p}\mathbf{q}^*) = -p_0 \hat{\mathbf{q}} + q_0 \hat{\mathbf{p}} - \hat{\mathbf{p}} \times \hat{\mathbf{q}} \tag{7.37}$$

となる．ゆえに，式 (7.37) に注意すると，$\|\mathbf{p}\mathbf{q}^*\| = \|\mathbf{p}\|\|\mathbf{q}^*\| = \|\mathbf{p}\|\|\mathbf{q}\|$ と式 (7.36) から，

$$\|\mathbf{p}\|^2\|\mathbf{q}\|^2 = \langle \mathbf{p}, \mathbf{q} \rangle^2 + \| -p_0 \hat{\mathbf{q}} + q_0 \hat{\mathbf{p}} - \hat{\mathbf{p}} \times \hat{\mathbf{q}}\|^2 \tag{7.38}$$

が得られる．したがって，式 (7.38) より，式 (7.29) を拡張して Cauchy–Lagrange の恒等式 (7.28) が導かれる．

第8章

固有値問題

　この章では，四元数を成分にもつ行列の固有値と固有ベクトルについて学習する．四元数は非可換なため，固有値といっても左固有値と右固有値の2種類がある．

　最初に複素数を成分にもつ場合を復習する．つぎに，左固有値と右固有値を，定義に基づいていくつかの具体例で計算をする．一般に，右固有値の計算は面倒であるが，最終節で右固有値を複素行列の場合に対応させて計算する別の手法を学び，具体的に計算を行う．

8.1　複素数行列の場合

　まず，$M_n(\mathbb{C})$ に属する複素数を成分にもつ行列 A について考えてみよう．このとき，$\lambda \in \mathbb{C}$ が A の**固有値** (eigenvalue) であるとは，ある $x\,(\neq 0) \in \mathbb{C}^n$ が存在して，$Ax = \lambda x$ が成り立つときをいう．そして，固有値全体を $\sigma(A)$ で表す．実際に，$M_2(\mathbb{C})$ に属する複素数を成分にもつ以下の行列 A について考えてみよう．

$$A = \begin{bmatrix} a & b \\ c & d \end{bmatrix}$$

このとき，$\lambda \in \sigma(A)$ ならば，λ は**固有方程式** (characteristic equation)

$$\det[xI - A] = 0$$

の解となる．すなわち，

$$(\lambda - a)(\lambda - d) - bc = 0$$

が成り立つ．この二つの解を $\alpha, \beta \in \mathbb{C}$ とおくと（重解は二つの解と考える），$\sigma(A) = \{\alpha, \beta\}$ となり，状況はすっきりしている．一般の $n \times n$ 複素数行列 A の場合でも，変数 x の n 次多項式である**固有多項式** (characteristic polynomial) $\det[xI - A]$ からなる固有方程式 $\det[xI - A] = 0$ を解けば，その重複度もこめて，ちょうど n 個の解の集合が $\sigma(A)$ となる．以下，具体的な問題を解いてウォーミングアップしよう．

問題 8.1

(1) つぎの行列 $A \in M_2(\mathbb{C})$ の固有値の集合 $\sigma(A)$ を求めよ．

$$A = \begin{bmatrix} a & b \\ 0 & d \end{bmatrix}$$

(2) つぎの行列 $A \in M_2(\mathbb{C})$ の固有値の集合 $\sigma(A)$ を求めよ．

$$A = \frac{1}{\sqrt{2}} \begin{bmatrix} 1 & 1 \\ 1 & -1 \end{bmatrix}$$

(3) つぎの行列 $A, B \in M_2(\mathbb{C})$ の固有値の集合 $\sigma(A), \sigma(B)$ を求めよ．ただし，$\theta \in [0, 2\pi)$ とする．

$$A = \begin{bmatrix} \cos\theta & -\sin\theta \\ \sin\theta & \cos\theta \end{bmatrix}, \quad B = \begin{bmatrix} \cos\theta & i\sin\theta \\ i\sin\theta & \cos\theta \end{bmatrix}$$

複素数行列のときは，2×2 行列の場合にその固有値の集合を求めることはそれほど難しいことではない．しかし，つぎの節でいくつかの例をみるように，四元数行列のときは，この 2×2 行列の場合でも一筋縄ではいかない．

8.2 左固有値と右固有値

$M_n(\mathbb{H})$ は四元数を成分にもつ $n \times n$ 行列全体であった．$A \in M_n(\mathbb{H})$ に対して，$\lambda \in \mathbb{H}$ が A の**左固有値** (left eigenvalue) であるとは，ある $u \, (\neq 0) \in \mathbb{H}^n$ が存在して，$Au = \lambda u$ が成り立つときをいう．このとき，$0 \in \mathbb{H}^n$ はゼロベクトルを表す．同様に，$\lambda \in \mathbb{H}$ が A の**右固有値** (right eigenvalue) であるとは，ある $u \, (\neq 0) \in \mathbb{H}^n$ が存在して，$Au = u\lambda$ が成り立つときをいう．そして，左固有値全体を $\sigma_l(A)$ で，右固有値全体を $\sigma_r(A)$ で表す．後で具体例でもみるように，一般には $\sigma_l(A) \neq \sigma_r(A)$ である．

以下，$M_2(\mathbb{H})$ に属する四元数行列 A について考えてみよう．

このとき，以下の議論に注意を要する．まず左固有値について考える．$u = {}^T[x, y] (\neq 0) \in \mathbb{H}^2$ のとき，

$$A \begin{bmatrix} x \\ y \end{bmatrix} = \lambda \begin{bmatrix} x \\ y \end{bmatrix}$$

は，

$$A \begin{bmatrix} 1 \\ yx^{-1} \end{bmatrix} x = \lambda \begin{bmatrix} 1 \\ yx^{-1} \end{bmatrix} x$$

なので，

$$A \begin{bmatrix} 1 \\ yx^{-1} \end{bmatrix} = \lambda \begin{bmatrix} 1 \\ yx^{-1} \end{bmatrix}$$

を考えればよい．つまり，$x = 1$ の場合を考えればよい．ところが，

$$A \begin{bmatrix} x \\ y \end{bmatrix} = \lambda \begin{bmatrix} x \\ y \end{bmatrix}$$

は，

$$Ax \begin{bmatrix} 1 \\ x^{-1}y \end{bmatrix} = \lambda x \begin{bmatrix} 1 \\ x^{-1}y \end{bmatrix}$$

なのだが，一般に $Ax \neq xA$, $\lambda x \neq x\lambda$ なので，

$$A \begin{bmatrix} 1 \\ x^{-1}y \end{bmatrix} = \lambda \begin{bmatrix} 1 \\ x^{-1}y \end{bmatrix}$$

と同値ではないことに注意しよう．このように変形しては，同値性がいえないのである．$y \neq 0$ の場合も，同様の議論が成立している．いずれにしても，前半の議論より，左固有値を求めるときは，$x \neq 0$ なら $x = 1$ とおいて，あるいは，$y \neq 0$ なら $y = 1$ とおいて求めることができ，しかもそうすることで計算の見通しがよくなる．

一方，右固有値の場合にはそのような置き換えができない．実際，$x \neq 0$ のとき，

$$A \begin{bmatrix} x \\ y \end{bmatrix} = \begin{bmatrix} x \\ y \end{bmatrix} \lambda$$

は，

$$A \begin{bmatrix} 1 \\ yx^{-1} \end{bmatrix} x = \begin{bmatrix} 1 \\ yx^{-1} \end{bmatrix} x\lambda$$

なのだが，一般に，$x\lambda \neq \lambda x$ なので，

$$A \begin{bmatrix} 1 \\ yx^{-1} \end{bmatrix} = \begin{bmatrix} 1 \\ yx^{-1} \end{bmatrix} \lambda$$

と同値ではない．つまり，$x = 1$ の場合を考えてはいけない．同様に，
$$A \begin{bmatrix} x \\ y \end{bmatrix} = \begin{bmatrix} x \\ y \end{bmatrix} \lambda$$
は，
$$Ax \begin{bmatrix} 1 \\ x^{-1}y \end{bmatrix} = x \begin{bmatrix} 1 \\ x^{-1}y \end{bmatrix} \lambda$$
なのだが，一般に $Ax \neq xA$ なので，
$$A \begin{bmatrix} 1 \\ x^{-1}y \end{bmatrix} = \lambda \begin{bmatrix} 1 \\ x^{-1}y \end{bmatrix}$$
と同値ではない．右固有値の場合は，いずれの場合も $x = 1$ としたときとの同値性がいえないのである．$y \neq 0$ の場合も，同様の議論が成立している．このようなこともあり，一般に，右固有値を求めるほうが難しい場合が多い．以下で具体的な例をいくつかみていこう．

例 8.1 まずは，左固有値と右固有値が一致する例をみてみよう．
$$A = \begin{bmatrix} 1 & 0 \\ 0 & 1 \end{bmatrix}$$
このとき，$\sigma_l(A) = \sigma_r(A) = \{1\}$ である．この場合には，$\sigma_l(A)$ と $\sigma_r(A)$ が一致している．以下，導出をみていこう．

最初に，左固有値について考える．定義式より，
$$A \begin{bmatrix} x \\ y \end{bmatrix} = \begin{bmatrix} 1 & 0 \\ 0 & 1 \end{bmatrix} \begin{bmatrix} x \\ y \end{bmatrix} = \begin{bmatrix} x \\ y \end{bmatrix} = \lambda \begin{bmatrix} x \\ y \end{bmatrix}$$
である．ゆえに，
$$x = \lambda x \tag{8.1}$$
$$y = \lambda y \tag{8.2}$$
となる．式 (8.1) で $x \neq 0$ なら，$\lambda = 1$ が得られる．$x = 0$ なら，$y = 0$ とできないので，$y \neq 0$ となり，式 (8.2) より，$\lambda = 1$ が得られる．ゆえに，$\sigma_l(A) = \{1\}$ が導かれる．

右固有値についても同様にして，
$$x = x\lambda, \quad y = y\lambda$$
から，$\sigma_r(A) = \{1\}$ が得られる．

例 8.2 つぎは，左固有値の集合と右固有値の集合が異なる例である．
$$A = \begin{bmatrix} 1 & 0 \\ 0 & i \end{bmatrix}$$

このとき，$\sigma_l(A) = \{1, i\}$ であるが，$\sigma_r(A) = \{1, [i]\}$ となる．よって，$\sigma_l(A) \subset \sigma_r(A)$ である．また，$\sigma_r(A) = \{1\} \cup [i]$ のように表すこともある．以下，導出をみていこう．

最初に，左固有値について考える．
$$A \begin{bmatrix} x \\ y \end{bmatrix} = \begin{bmatrix} 1 & 0 \\ 0 & i \end{bmatrix} \begin{bmatrix} x \\ y \end{bmatrix} = \begin{bmatrix} x \\ iy \end{bmatrix} = \lambda \begin{bmatrix} x \\ y \end{bmatrix}$$

ゆえに，
$$x = \lambda x \tag{8.3}$$
$$iy = \lambda y \tag{8.4}$$

となる．式 (8.3) で $x \neq 0$ なら，$\lambda = 1$ が得られる．$x = 0$ なら，同様に $y \neq 0$ なので，式 (8.4) より，$\lambda = i$ が得られる．ゆえに，$\sigma_l(A) = \{1, i\}$ が導かれる．

つぎに，右固有値について考える．
$$x = x\lambda \tag{8.5}$$
$$iy = y\lambda \tag{8.6}$$

式 (8.5) で $x \neq 0$ なら，$\lambda = 1$ が得られる．$x = 0$ なら，$y = 0$ とできないので，$y \neq 0$ となり，式 (8.6) より，$\lambda = y^{-1}iy = [i]$ が得られる．ゆえに，$\sigma_r(A) = \{1, [i]\}$ が導かれる．

だいぶなれてきたところで，つぎの問題を解いてみよう．

問題 8.2 以下の行列 A を考える．
$$A = \begin{bmatrix} 0 & 1 \\ 1 & 0 \end{bmatrix}$$

このとき，$\sigma_l(A) = \sigma_r(A) = \{1, -1\}$ を示せ．

以下，再びいくつかの例をみていこう．

例 8.3 この例は，左固有値の集合と右固有値の集合が一致するが，ともに要素の数が無限個存在する場合である．

$$A = \begin{bmatrix} 0 & 1 \\ -1 & 0 \end{bmatrix}$$

このとき，$\sigma_l(A) = \sigma_r(A) = \{\lambda : \lambda^2 + 1 = 0\} = [i]$ となる．以下，導出をみていこう．

最初に，左固有値から考える．

$$A \begin{bmatrix} x \\ y \end{bmatrix} = \begin{bmatrix} 0 & 1 \\ -1 & 0 \end{bmatrix} \begin{bmatrix} x \\ y \end{bmatrix} = \begin{bmatrix} y \\ -x \end{bmatrix} = \lambda \begin{bmatrix} x \\ y \end{bmatrix}$$

ゆえに，

$$y = \lambda x \tag{8.7}$$
$$-x = \lambda y \tag{8.8}$$

となる．式 (8.7) で $x = 1$ とおくと，$\lambda = y$ となる．これを，式 (8.8) で $x = 1$ とおき代入すると，$\lambda^2 + 1 = 0$ が得られる．よって，命題 4.1 の 1 より $\sigma_l(A) = \{\lambda : \lambda^2 + 1 = 0\}$ を得る．

つぎに，右固有値について考える．

$$y = x\lambda, \quad -x = y\lambda$$

よって，同様の議論により $\sigma_r(A) = \{\lambda : \lambda^2 + 1 = 0\}$ が導かれる．

例 8.4 この例は，$\sigma_l(A)$ と $\sigma_r(A)$ が異なり，しかも $\sigma_l(A)$ の要素の個数が 2 個，$\sigma_r(A)$ の要素の個数が無限個の場合である．

$$A = \begin{bmatrix} 0 & i \\ j & 0 \end{bmatrix}$$

このとき，以下が成り立つことを示そう．

$$\sigma_l(A) = \left\{ \frac{i+j}{\sqrt{2}}, -\frac{i+j}{\sqrt{2}} \right\}, \quad \sigma_r(A) = \{\lambda : \lambda^4 + 1 = 0\}$$

まず，左固有値について考える．先の例と同様に，

$$iy = \lambda x \tag{8.9}$$
$$jx = \lambda y \tag{8.10}$$

となる．式 (8.9) で $x = 1$ とおくと，
$$\lambda = iy \tag{8.11}$$
である．一方，式 (8.10) で $x = 1$ とおくと，
$$j = \lambda y \tag{8.12}$$
が得られる．式 (8.11) を式 (8.12) に代入すると，
$$j = iy^2$$
が導かれる．ゆえに，上式の両辺に i を左からかけると，$y^2 + k = 0$ になり，これを解くと，
$$y = \pm \frac{1-k}{\sqrt{2}}$$
が得られる（命題 4.1 の 7 参照）．よって，式 (8.11) に代入することにより，
$$\lambda = \pm \frac{i+j}{\sqrt{2}}$$
が導かれる．

つぎに，右固有値について考える．
$$iy = x\lambda \tag{8.13}$$
$$jx = y\lambda \tag{8.14}$$

ここで，$\lambda = 0$ だと $x = y = 0$ になるので，$\lambda \neq 0$ としてよい．さらに，$x = 0$ だと，式 (8.13) より $y = 0$ が導かれるので，$x \neq 0$ とする．つぎに，式 (8.13) から，
$$y = -ix\lambda$$
である．一方，上式を式 (8.14) に代入すると，
$$jx = -ix\lambda^2$$
が得られる．したがって，
$$x = -kx\lambda^2$$
がわかる．この式の左辺を，右辺に入れると，

$$x = -k(-kx\lambda^2)\lambda^2 = -x\lambda^4$$

が導かれる．上式と $x \neq 0$ より，求めたかった式,

$$\lambda^4 + 1 = 0$$

を得る．

例 8.5 この例は，$\sigma_l(A)$ と $\sigma_r(A)$ が異なり，今度は例 8.4 とは逆に，$\sigma_l(A)$ の要素の個数が無限個，$\sigma_r(A)$ の要素の個数が 2 個の場合である．

$$A = \begin{bmatrix} 0 & i \\ -i & 0 \end{bmatrix}$$

このとき，以下が成り立つことを示そう．

$$\sigma_l(A) = \{-y_1 - y_3 j + y_2 k : y_1^2 + y_2^2 + y_3^2 = 1\}, \quad \sigma_r(A) = \{-1, 1\}$$

最初に，左固有値から求めよう．

$$A \begin{bmatrix} x \\ y \end{bmatrix} = \begin{bmatrix} 0 & i \\ -i & 0 \end{bmatrix} \begin{bmatrix} x \\ y \end{bmatrix} = \begin{bmatrix} iy \\ -ix \end{bmatrix} = \lambda \begin{bmatrix} x \\ y \end{bmatrix}$$

ゆえに,

$$iy = \lambda x \tag{8.15}$$
$$-ix = \lambda y \tag{8.16}$$

となる．式 (8.15) で $x = 1$ とおくと，

$$\lambda = iy \tag{8.17}$$

が得られる．一方，式 (8.16) で $x = 1$ とおき，式 (8.17) を代入すると，

$$y^2 + 1 = 0 \tag{8.18}$$

が得られる．ゆえに，$\sigma_l(A) = \{iy : y^2 + 1 = 0\}$ が導かれる．ここで，$y^2 + 1 = 0$ の解が $y = y_1 i + y_2 j + y_3 k \; (y_1^2 + y_2^2 + y_3^2 = 1)$ で与えられることに注意すると，求めたい解 $\sigma_l(A) = \{-y_1 - y_3 j + y_2 k : y_1^2 + y_2^2 + y_3^2 = 1\}$ が得られる．

つぎに右固有値を求める．左固有値と同様にして，

$$iy = x\lambda \tag{8.19}$$
$$-ix = y\lambda \tag{8.20}$$

となる．ここで，$\lambda = 0$ だと $x = y = 0$ になるので，$\lambda \neq 0$ としてよい．さらに，$x = 0$ だと，式 (8.19) より $y = 0$ が導かれるので，$x \neq 0$ とする．つぎに，式 (8.19) より，

$$x^{-1}iy = \lambda$$

となる．上式を式 (8.20) に代入すると，

$$-ix = yx^{-1}iy$$

が得られる．これから，

$$1 = yx^{-1}iyx^{-1}i$$

がわかる．ここで，$w = yx^{-1}i$ とおくと，$w^2 - 1 = 0$ なので，命題 4.1 の 2 より $w = yx^{-1}i = \pm 1$ が導かれる．これから，$\lambda = -y^{-1}ix = \pm 1$ が得られる．したがって，$\sigma_r(A) = \{-1, 1\}$ となる．

さて，ここで問題を解いてみよう．

問題 8.3 $a \in \mathbb{R}$ とする．

$$A = \begin{bmatrix} a & i \\ -i & a \end{bmatrix}$$

このとき，以下を示せ．

$$\sigma_l(A) = \left\{ a - y_1 - y_3 j + y_2 k : y_1^2 + y_2^2 + y_3^2 = 1 \right\},$$
$$\sigma_r(A) = \{a - 1, a + 1\}$$

問題 8.4

$$A = \begin{bmatrix} 0 & 1+i \\ 1-i & 0 \end{bmatrix}$$

このとき，$\sigma_l(A) = \sigma_r(A) = \{\sqrt{2}, -\sqrt{2}\}$ を示せ．

8.3 左固有値の特徴づけ

一般の $A \in M_2(\mathbb{H})$ に対する $\sigma_l(A)$ の特徴づけが，Huang and So (2001)[14] によって下記のように得られている．

定理 8.1

$A = \begin{bmatrix} a & b \\ c & d \end{bmatrix} \in M_2(\mathbb{H})$ とする．このとき，以下が成り立つ．

1. $bc = 0$ のとき，$\sigma_l(A) = \{a, d\}$
2. $bc \neq 0$ のとき，$\sigma_l(A) = \{a + bx : x^2 + b^{-1}(a-d)x - b^{-1}c = 0\}$

証明 $bc = 0$ のときはほぼ明らか．$bc \neq 0$ のときは，

$$A \begin{bmatrix} x \\ y \end{bmatrix} = \begin{bmatrix} a & b \\ c & d \end{bmatrix} \begin{bmatrix} x \\ y \end{bmatrix} = \begin{bmatrix} ax + by \\ cx + dy \end{bmatrix} = \lambda \begin{bmatrix} x \\ y \end{bmatrix}$$

となる．ゆえに，

$$ax + by = \lambda x \tag{8.21}$$
$$cx + dy = \lambda y \tag{8.22}$$

が得られる．まず，$bc \neq 0$ より，$xy \neq 0$ であることに注意する．したがって，式 (8.21) から $\lambda = a + byx^{-1}$ が得られる．これを式 (8.22) に代入して，右から x^{-1} をかけて，$w = yx^{-1}$ とおくと，$w^2 + b^{-1}(a-d)w - b^{-1}c = 0$ が導かれる．よって，求めたい結果が得られ，証明が終わる． □

この定理を用いると，前節の例や問題で固有方程式を解いて求めた $\sigma_l(A)$ と同じ結果を得ることができる．$bc = 0$ の場合は，一致することがすぐに確認できるので，$bc \neq 0$ の場合を確かめてみよう．

たとえば，例 8.4 の場合は $a = d = 0$, $b = i$, $c = j$ であった．したがって，$x^2 + b^{-1}(a-d)x - b^{-1}c = 0$ は $x^2 + k = 0$ となり，命題 4.1 より $x = \pm(1-k)/\sqrt{2}$ を得る．さらに，$a + bx = 0 + ix$ なので，先に求めたのと同じ結果である $\sigma_l(A) = \{(i+j)/\sqrt{2}, -(i+j)/\sqrt{2}\}$ が導かれる．

つぎに，例 8.5 の場合を考えてみよう．このときは $a = d = 0$, $b = i$, $c = -i$ であった．したがって，$x^2 + b^{-1}(a-d)x - b^{-1}c = 0$ は $x^2 + 1 = 0$ となり，命題 4.1 より $x = x_1 i + x_2 j + x_3 k$ ($x_1^2 + x_2^2 + x_3^2 = 1$) が導かれる．したがって，$a + bx = -x_1 - x_3 j + x_2 k$ なので，先に求めたのと同じ結果である $\sigma_l(A) = \{-x_1 - x_3 j + x_2 k : x_1^2 + x_2^2 + x_3^2 = 1\}$ が得られる．

問題 8.5 問題 8.4 の場合は $a = d = 0$, $b = 1+i$, $c = 1-i$ で，$\sigma_l(A) = \{\sqrt{2}, -\sqrt{2}\}$ であったが，定理 8.1 を用いて，この $\sigma_l(A) = \{\sqrt{2}, -\sqrt{2}\}$ を確かめよ．

さらに，Huang and So (2001) によって，つぎの結果が得られている．

定理 8.2

$A = \begin{bmatrix} a & b \\ c & d \end{bmatrix} \in M_2(\mathbb{H})$ とする. $\lambda \in \sigma_l(A)$ のとき, 以下が成り立つ.

$$|\lambda - a||\lambda - d| = |b||c|$$

証明 定理 8.1 の結果を用いる. $bc = 0$ のときは明らかなので, $bc \neq 0$ の場合を考える. $\lambda = a + bx$ とおくと,

$$|\lambda - a||\lambda - d| = |bx||a + bx - d| = |b||x||a + bx - d|$$
$$= |b||(a + bx - d)x| = |b||bx^2 + (a - d)x|$$

となる. ゆえに,

$$|\lambda - a||\lambda - d| = |b||bx^2 + (a - d)x| \tag{8.23}$$

が得られる. 一方, $x^2 + b^{-1}(a - d)x - b^{-1}c = 0$ が成り立っているので, 左から b をかけて $bx^2 + (a - d)x - c = 0$ が得られる. これを式 (8.23) の右辺に代入すると,

$$|\lambda - a||\lambda - d| = |b||bx^2 + (a - d)x| = |b||c|$$

となり, 求めたい式が得られ, 証明が終わる. □

先に述べたように, $A = \begin{bmatrix} a & b \\ c & d \end{bmatrix} \in M_2(\mathbb{C})$ ならば, よく知られているように, $\lambda \in \sigma(A)$ のとき, $\det[\lambda I - A] = 0$, すなわち, $(\lambda - a)(\lambda - d) = bc$ が成り立っていた. したがって, $|\lambda - a||\lambda - d| = |b||c|$ が導かれる.

また, 四元数の場合には, $\lambda \in \sigma_l(A)$ のとき, $(\lambda - a)(\lambda - d) = bc$ が成り立たない例がある.

実際, 例 8.4 の $A = \begin{bmatrix} 0 & i \\ j & 0 \end{bmatrix}$ のときは, $\sigma_l(A) = \left\{ \dfrac{i+j}{\sqrt{2}}, -\dfrac{i+j}{\sqrt{2}} \right\}$ であり, 左辺は $(\lambda - a)(\lambda - d) = \lambda^2 = -1$ となるが, 右辺は $bc = ij = k$ となり等しくない.

一方, $\lambda \in \sigma_r(A)$ のときは, $(\lambda - a)(\lambda - d) = bc$ も $|\lambda - a||\lambda - d| = |b||c|$ も成立しない例がある.

たとえば, 例 8.2 の $A = \begin{bmatrix} 1 & 0 \\ 0 & i \end{bmatrix}$ のときは, $\sigma_r(A) = \{1, [i]\}$ であった. この場合, 式 (3.14) より $-i \in \sigma_r(A)$ となる. $(\lambda - a)(\lambda - d) = bc$ の左辺は $(\lambda - a)(\lambda - d) = (-i - 1)(-i - i) = 2(i - 1)$ となるが, 右辺は $bc = 0$ となり等しくない. $|\lambda - a||\lambda - d| = |b||c|$ も, 左辺は $2\sqrt{2}$ であるが右辺は $|b||c| = 0$ と

なり，この場合も等しくない．

8.4 ベキ零

本節では，ベキ零の性質について簡単に触れる．$A \in M_n(\mathbb{H})$ が**ベキ零** (nilpotent) とは，ある $n \geq 1$ が存在し，$A^n = O$ となるときにいう．ここで，O はゼロ行列である．$M_2(\mathbb{C})$ の場合には，$\sigma(A) = \{0\}$ のとき A はベキ零であった．同じようなことが成り立つであろうか．

そこで，$A = \begin{bmatrix} j & i \\ i & -j \end{bmatrix}$ を考えてみる．このとき，定理 8.1 を用いて $\sigma_l(A)$ を求めてみよう．$a = -d = j$, $b = c = i$ なので，$x^2 + b^{-1}(a-d)x - b^{-1}c = 0$ は $x^2 - 2kx - 1 = 0$ となる．問題 4.2 より，$x = k$ だけが解である．したがって，$a + bx = j + ix = j + ik = 0$ から $\sigma_l(A) = \{0\}$ が求められる．では $M_2(\mathbb{C})$ の場合と同様に，この行列はベキ零になるのかというと，じつはそうではない．実際，

$$\begin{bmatrix} 1 & k \\ -k & 1 \end{bmatrix}^2 = 2 \begin{bmatrix} 1 & k \\ -k & 1 \end{bmatrix}$$

に注意すると，

$$A^2 = -2^1 \begin{bmatrix} 1 & k \\ -k & 1 \end{bmatrix}, \quad A^4 = 2^3 \begin{bmatrix} 1 & k \\ -k & 1 \end{bmatrix}, \quad A^8 = 2^7 \begin{bmatrix} 1 & k \\ -k & 1 \end{bmatrix}, \quad \cdots$$

なので，

$$A^{2^m} = 2^{2^m - 1} \begin{bmatrix} 1 & k \\ -k & 1 \end{bmatrix}$$

が得られる．よって，$A^{2^m} \neq O$ が導かれ，ベキ零でないことがわかる．また，次節の問題 8.6 で計算するように，$\sigma_r(A) = \{0\} \cup [2i]$ であり，$\sigma_r(A) = \{0\}$ ではない．

8.5 右固有値の特徴づけ

じつは，右固有値の計算に関しては，複素数を成分にもつ行列に対応させて計算する方法があるので，その手法を紹介する．参考文献としては，Aslaksen (1996)[8], Konno, Mitsuhashi and Sato (2016)[26] をあげておく．理論的側面の詳細はそちらを参照してほしい．ここでは，その計算手続きをいくつかの例を通して学ぶ．

最初に，右固有値に関して以下のことに注意する．$\lambda \in \sigma_r(A)$ とすると，$Ax = x\lambda$ をみたす x が存在するが，$q \,(\neq 0) \in \mathbb{H}$ に対して，$A(xq) = x\lambda q = xq(q^{-1}\lambda q)$ となる．したがって，$\lambda \in \sigma_r(A)$ なら，任意の $\lambda^* \in [\lambda]$ に対しても $\lambda^* \in \sigma_r(A)$ が成り立つ．すなわち，$[\lambda] \subset \sigma_r(A)$ が成立している．

つぎに，$A \in M_n(\mathbb{H})$ に対して，$A = A_1 + jA_2$ と表す．ただし，$A_1, A_2 \in M_n(\mathbb{C})$ である．なお，上記の表現は一意的であることに注意しよう．

さらに，写像 $\psi : M_n(\mathbb{H}) \to M_{2n}(\mathbb{C})$ を導入する．具体的には，任意の $A \in M_n(\mathbb{H})$ に対して，$\psi(A) \in M_{2n}(\mathbb{C})$ を次式で定める．

$$\psi(A) = \begin{bmatrix} A_1 & -\overline{A_2} \\ A_2 & \overline{A_1} \end{bmatrix}$$

このとき，以下が成り立つ（証明は，文献 [8],[26] を参照のこと）．

定理 8.3 $A \in M_n(\mathbb{H})$ とするとき，$\psi(A) \in M_{2n}(\mathbb{C})$ の重複度も含めた $2n$ 個の固有値の集合 $\sigma(\psi(A))$ は以下で表される．

$$\sigma(\psi(A)) = \{\lambda_1, \overline{\lambda_1}, \lambda_2, \overline{\lambda_2}, \ldots, \lambda_n, \overline{\lambda_n}\}$$

さらに，$A \in M_n(\mathbb{H})$ の右固有値の集合 $\sigma_r(A)$ は，以下で与えられる．

$$\sigma_r(A) = [\lambda_1] \cup [\lambda_2] \cup \cdots \cup [\lambda_n]$$

この定理を用いると，行列のサイズは 2 倍に大きくなるが，複素数を成分にもつ行列 $\psi(A)$ の固有値を求めることにより，機械的に右固有値の集合 $\sigma_r(A)$ を求めることが可能となる．このことから，8.2 節で行ったような，固有方程式を解いて右固有値を求める煩雑な計算を回避できる場合が多い．

以下で，8.2 節で扱った例や問題に上の定理 8.3 を適用して，同じ結果が得られるか確かめてみよう．

例 8.1 の A は

$$A = \begin{bmatrix} 1 & 0 \\ 0 & 1 \end{bmatrix}$$

で，$\sigma_r(A) = \{1\}$ であった．このとき，$A = A_1 + jA_2$ $(A_1, A_2 \in M_n(\mathbb{C}))$ の A_1 と A_2 は，

$$A_1 = \begin{bmatrix} 1 & 0 \\ 0 & 1 \end{bmatrix}, \quad A_2 = \begin{bmatrix} 0 & 0 \\ 0 & 0 \end{bmatrix}$$

なので，

$$\psi(A) = \begin{bmatrix} 1 & 0 & 0 & 0 \\ 0 & 1 & 0 & 0 \\ 0 & 0 & 1 & 0 \\ 0 & 0 & 0 & 1 \end{bmatrix}$$

となる．したがって，

$$\det[\lambda I_4 - \psi(A)] = (\lambda - 1)^4$$

と計算できるので，$\lambda_1 = \lambda_2 = 1$ が得られる．ゆえに，定理 8.3 から，

$$\sigma_r(A) = [\lambda_1] \cup [\lambda_2] = \{1\}$$

となり，結果が一致することが確かめられる．ただし，$x \in \mathbb{R}$ のとき，$[x] = \{x\}$ を用いた．

同様にして，例 8.2 の A は

$$A = \begin{bmatrix} 1 & 0 \\ 0 & i \end{bmatrix}$$

で，$\sigma_r(A) = \{1, [i]\} = \{1\} \cup [i]$ であった．このとき，

$$A_1 = \begin{bmatrix} 1 & 0 \\ 0 & i \end{bmatrix}, \quad A_2 = \begin{bmatrix} 0 & 0 \\ 0 & 0 \end{bmatrix}$$

なので，

$$\psi(A) = \begin{bmatrix} 1 & 0 & 0 & 0 \\ 0 & i & 0 & 0 \\ 0 & 0 & 1 & 0 \\ 0 & 0 & 0 & -i \end{bmatrix}$$

となる．したがって，

$$\det[\lambda I_4 - \psi(A)] = (\lambda - 1)^2(\lambda - i)(\lambda + i)$$

となり，$\lambda_1 = 1$，$\lambda_2 = i$ が得られる．ゆえに，

$$\sigma_r(A) = [\lambda_1] \cup [\lambda_2] = \{1\} \cup [i]$$

となり，結果が一致することが確かめられる．

問題 8.2 の A は

$$A = \begin{bmatrix} 0 & 1 \\ 1 & 0 \end{bmatrix}$$

で，$\sigma_r(A) = \{1, -1\}$ であった．このとき，

$$A_1 = \begin{bmatrix} 0 & 1 \\ 1 & 0 \end{bmatrix}, \quad A_2 = \begin{bmatrix} 0 & 0 \\ 0 & 0 \end{bmatrix}$$

なので，

$$\psi(A) = \begin{bmatrix} 0 & 1 & 0 & 0 \\ 1 & 0 & 0 & 0 \\ 0 & 0 & 0 & 1 \\ 0 & 0 & 1 & 0 \end{bmatrix}$$

となる．したがって，

$$\det[\lambda I_4 - \psi(A)] = (\lambda^2 - 1)^2$$

となり，$\lambda_1 = 1, \lambda_2 = -1$ が得られる．ゆえに，

$$\sigma_r(A) = [\lambda_1] \cup [\lambda_2] = \{1, -1\}$$

が得られ，結果が一致することが確かめられる．

例 8.3 の A は

$$A = \begin{bmatrix} 0 & 1 \\ -1 & 0 \end{bmatrix}$$

で，$\sigma_r(A) = [i]$ であった．このとき，

$$A_1 = \begin{bmatrix} 0 & 1 \\ -1 & 0 \end{bmatrix}, \quad A_2 = \begin{bmatrix} 0 & 0 \\ 0 & 0 \end{bmatrix}$$

なので，

$$\psi(A) = \begin{bmatrix} 0 & 1 & 0 & 0 \\ -1 & 0 & 0 & 0 \\ 0 & 0 & 0 & 1 \\ 0 & 0 & -1 & 0 \end{bmatrix}$$

が成り立つ．したがって，
$$\det[\lambda I_4 - \psi(A)] = (\lambda^2 + 1)^2$$
が得られ，$\lambda_1 = i$, $\lambda_2 = -i$ となる．ゆえに，
$$\sigma_r(A) = [\lambda_1] \cup [\lambda_2] = [i]$$
となり，結果が一致することが確かめられる．ここで，$i \sim -i$, すなわち，$[i] = [-i]$ を用いた．

例 8.4 の A は
$$A = \begin{bmatrix} 0 & i \\ j & 0 \end{bmatrix}$$
で，$\sigma_r(A) = \{\lambda : \lambda^4 + 1 = 0\}$ であった．このとき，
$$A_1 = \begin{bmatrix} 0 & i \\ 0 & 0 \end{bmatrix}, \quad A_2 = \begin{bmatrix} 0 & 0 \\ 1 & 0 \end{bmatrix}$$
となり，はじめて A_2 がゼロ行列でない例となっている．そして，
$$\psi(A) = \begin{bmatrix} 0 & i & 0 & 0 \\ 0 & 0 & -1 & 0 \\ 0 & 0 & 0 & -i \\ 1 & 0 & 0 & 0 \end{bmatrix}$$
となるので，
$$\det[\lambda I_4 - \psi(A)] = \lambda^4 + 1$$
が得られる．したがって，$\sigma_r(A) = \{\lambda : \lambda^4 + 1 = 0\}$ が導かれ，結果が一致することが確かめられる．また，さらにこれを解くと，$\lambda_1 = (1+i)/\sqrt{2}$, $\lambda_2 = -(1+i)/\sqrt{2}$ となる．ここで，$(1+i)/\sqrt{2} \not\sim -(1+i)/\sqrt{2}$ に注意しよう．ゆえに，以下のような表現も可能となる．
$$\sigma_r(A) = \left\{ \left[\frac{1+i}{\sqrt{2}}\right], \left[\frac{-1-i}{\sqrt{2}}\right] \right\}$$

例 8.5 の A は
$$A = \begin{bmatrix} 0 & i \\ -i & 0 \end{bmatrix}$$

で，$\sigma_r(A) = \{1, -1\}$ であった．このとき，

$$A_1 = \begin{bmatrix} 0 & i \\ -i & 0 \end{bmatrix}, \quad A_2 = \begin{bmatrix} 0 & 0 \\ 0 & 0 \end{bmatrix}$$

なので，

$$\psi(A) = \begin{bmatrix} 0 & i & 0 & 0 \\ -i & 0 & 0 & 0 \\ 0 & 0 & 0 & -i \\ 0 & 0 & i & 0 \end{bmatrix}$$

となる．したがって，

$$\det[\lambda I_4 - \psi(A)] = (\lambda^2 - 1)^2$$

が得られ，$\lambda_1 = 1$, $\lambda_2 = -1$ となる．ゆえに，$[1] = \{1\}$, $[-1] = \{-1\}$ に注意すると，

$$\sigma_r(A) = [\lambda_1] \cup [\lambda_2] = \{1, -1\}$$

となり，結果が一致することが確かめられる．

問題 8.3 についても，別解を以下で与えよう．このときの A は，$a \in \mathbb{R}$ に対して，

$$A = \begin{bmatrix} a & i \\ -i & a \end{bmatrix}$$

で，解答は $\sigma_r(A) = \{a+1, a-1\}$ であった．ゆえに，$a \in \mathbb{R}$ より，

$$A_1 = \begin{bmatrix} a & i \\ -i & a \end{bmatrix}, \quad A_2 = \begin{bmatrix} 0 & 0 \\ 0 & 0 \end{bmatrix}$$

となるので，

$$\psi(A) = \begin{bmatrix} a & i & 0 & 0 \\ -i & a & 0 & 0 \\ 0 & 0 & a & -i \\ 0 & 0 & i & a \end{bmatrix}$$

となる．したがって，

$$\det[\lambda I_4 - \psi(A)] = \{(\lambda - a)^2 - 1\}^2$$

が得られ，$\lambda_1 = a+1, \lambda_2 = a-1 \ (\in \mathbb{R})$ である．ゆえに，
$$\sigma_r(A) = [\lambda_1] \cup [\lambda_2] = \{a+1, a-1\}$$
となり，結果が一致することが確かめられる．

問題 8.4 についても，上記と同様に別解を与えよう．A は
$$A = \begin{bmatrix} 0 & 1+i \\ 1-i & 0 \end{bmatrix}$$
で，$\sigma_r(A) = \{\sqrt{2}, -\sqrt{2}\}$ であった．このとき，
$$A_1 = \begin{bmatrix} 0 & 1+i \\ 1-i & 0 \end{bmatrix}, \quad A_2 = \begin{bmatrix} 0 & 0 \\ 0 & 0 \end{bmatrix}$$
なので，
$$\psi(A) = \begin{bmatrix} 0 & 1+i & 0 & 0 \\ 1-i & 0 & 0 & 0 \\ 0 & 0 & 0 & 1-i \\ 0 & 0 & 1+i & 0 \end{bmatrix}$$
となる．したがって，
$$\det[\lambda I_4 - \psi(A)] = (\lambda^2 - 2)^2$$
が得られ，$\lambda_1 = \sqrt{2}, \lambda_2 = -\sqrt{2}$ となる．ゆえに，
$$\sigma_r(A) = [\lambda_1] \cup [\lambda_2] = \{\sqrt{2}, -\sqrt{2}\}$$
となり，結果が一致することが確かめられる．

問題 8.6 ベキ零について述べた前節で扱った行列であるが，
$$A = \begin{bmatrix} j & i \\ i & -j \end{bmatrix}$$
を考える．このとき，$\sigma_r(A)$ を求めよ．

付録　四元数量子ウォーク

ここでは，四元数を用いたモデル，**四元数量子ウォーク**（quaternionic quantum walk）を紹介する．詳細に関しては，文献 [25] を参考にしてほしい．じつはこのモデルは，複素数を用いたモデル，**量子ウォーク**（quantum walk）を拡張したモデルになっている．量子ウォークに関しては，[19],[21],[22],[23] を参照のこと．

A.1　四元数量子ウォークの定義

量子ウォークは，ランダムウォークの量子版として 2000 年頃から本格的に研究され始めた，新しい分野である．ランダムウォークとは異なり，量子特有の性質である重ね合わせなどが起こることにより，線形的な広がりや局在化など，予想できない挙動を示すことがある．ここで紹介するのは，その量子ウォークの四元数版であり，研究はまさに始まったばかりである．本書ではとくに，1 次元格子上での離散時間四元数量子ウォークについて説明しよう．

四元数量子ウォークの粒子には，**カイラリティ**（chirality）とよばれる，「左向き $|L\rangle$」と「右向き $|R\rangle$」の二つの状態が存在する．これらをベクトルで表すことにする．

$$|L\rangle = \begin{bmatrix} 1 \\ 0 \end{bmatrix}, \quad |R\rangle = \begin{bmatrix} 0 \\ 1 \end{bmatrix}$$

以下の $U \in U_2(\mathbb{H})$ によって，四元数量子ウォークの時間発展は決まる．

$$U = \begin{bmatrix} a & b \\ c & d \end{bmatrix} \quad (a, b, c, d \in \mathbb{H}) \tag{A.1}$$

U は，

$$P = \begin{bmatrix} a & b \\ 0 & 0 \end{bmatrix}, \quad Q = \begin{bmatrix} 0 & 0 \\ c & d \end{bmatrix}$$

によって $U = P + Q$ となるように分解される．重要な点は，P が左に 1 単位移動する重みを，Q が右に 1 単位移動する重みをそれぞれ表していることである．重みというよび方はわかりづらいかもしれないが，ランダムウォークの場合には，P と Q がそれぞれ確率 p と q に対応している．ただし，$p + q = 1$ をみたす．とくに U が以下の**アダマールゲート**（Hadamard gate）H，

$$H = \frac{1}{\sqrt{2}} \begin{bmatrix} 1 & 1 \\ 1 & -1 \end{bmatrix}$$

の場合には,**アダマールウォーク**(Hadamard walk)とよばれるモデルになり,量子ウォークの典型的なモデルとして,非常によく研究がされている.

つぎに,1次元格子 $\mathbb{Z}$ 上の四元数量子ウォークの時刻 n での四元数で表された状態,**振幅**(amplitude)を,以下のように $\Psi_n (\in \mathbb{H}^{\mathbb{Z}})$ で表す.

$$\begin{aligned}\Psi_n &= {}^T[\cdots, \Psi_n^L(-1), \Psi_n^R(-1), \Psi_n^L(0), \Psi_n^R(0), \Psi_n^L(1), \Psi_n^R(1), \cdots] \\ &= {}^T\left[\cdots, \begin{bmatrix}\Psi_n^L(-1)\\ \Psi_n^R(-1)\end{bmatrix}, \begin{bmatrix}\Psi_n^L(0)\\ \Psi_n^R(0)\end{bmatrix}, \begin{bmatrix}\Psi_n^L(1)\\ \Psi_n^R(1)\end{bmatrix}, \cdots\right]\end{aligned}$$

ここで,T は転置を表す.このとき,$\Psi_n(x) = {}^T[\Psi_n^L(x), \Psi_n^R(x)]$ を時刻 n で場所 x の振幅とすると,四元数量子ウォークの時間発展は

$$\Psi_{n+1}(x) = P\Psi_n(x+1) + Q\Psi_n(x-1)$$

の漸化式で定義される.すなわち,

$$\begin{bmatrix}\Psi_{n+1}^L(x)\\ \Psi_{n+1}^R(x)\end{bmatrix} = \begin{bmatrix}a\Psi_n^L(x+1) + b\Psi_n^R(x+1)\\ c\Psi_n^L(x-1) + d\Psi_n^R(x-1)\end{bmatrix}$$

である.これにより,系全体の時間発展を定める $\infty \times \infty$ のユニタリ行列 $U^{(s)}$ が以下のように表される.

$$U^{(s)} = \begin{bmatrix} \ddots & \vdots & \vdots & \vdots & \vdots & \vdots & \cdots \\ \cdots & O & P & O & O & O & \cdots \\ \cdots & Q & O & P & O & O & \cdots \\ \cdots & O & Q & O & P & O & \cdots \\ \cdots & O & O & Q & O & P & \cdots \\ \cdots & O & O & O & Q & O & \cdots \\ \cdots & \vdots & \vdots & \vdots & \vdots & \vdots & \ddots \end{bmatrix} \quad \text{ただし,} \quad O = \begin{bmatrix} 0 & 0 \\ 0 & 0 \end{bmatrix}$$

これを用いると,時刻 n での状態は

$$\Psi_n = (U^{(s)})^n \Psi_0 \tag{A.2}$$

で与えられる.

$\mathbb{R}_+ = [0, \infty)$ とおく.つぎに,振幅から測度を与えるつぎの写像 $\phi : (\mathbb{H}^2)^{\mathbb{Z}} \to \mathbb{R}_+^{\mathbb{Z}}$ を

$$\Psi = {}^T\left[\cdots, \begin{bmatrix}\Psi^L(-1)\\ \Psi^R(-1)\end{bmatrix}, \begin{bmatrix}\Psi^L(0)\\ \Psi^R(0)\end{bmatrix}, \begin{bmatrix}\Psi^L(1)\\ \Psi^R(1)\end{bmatrix}, \cdots\right] \in (\mathbb{H}^2)^{\mathbb{Z}}$$

に対して，
$$\phi(\Psi) = {}^T\left[\cdots, |\Psi^L(-1)|^2 + |\Psi^R(-1)|^2, |\Psi^L(0)|^2 + |\Psi^R(0)|^2, \right.$$
$$\left. |\Psi^L(1)|^2 + |\Psi^R(1)|^2, \cdots\right] \in \mathbb{R}_+^{\mathbb{Z}}$$

と定義する．すなわち，任意の $x \in \mathbb{Z}$ に対して，
$$\phi(\Psi)(x) = |\Psi^L(x)|^2 + |\Psi^R(x)|^2$$

である[†]．そして，場所 x での測度を
$$\mu(x) = \phi(\Psi(x)) \quad (x \in \mathbb{Z})$$

で与える．

四元数量子ウォークの定常測度の集合を以下で定める．
$$\mathcal{M}_s = \mathcal{M}_s(U)$$
$$= \left\{\mu \in \mathbb{R}_+^{\mathbb{Z}} \setminus \{\mathbf{0}\} : \phi((U^{(s)})^n \Psi_0) = \mu \ (n \geq 0) \text{ をみたすような } \Psi_0 \text{ が存在する}\right\}$$

ただし，$\mathbf{0}$ はゼロベクトルである．そして，$\mathcal{M}_s$ の元を四元数量子ウォークの定常測度とよぶ．

つぎに，四元数量子ウォークの**右固有値問題**（right eigenvalue problem）を考える．
$$U^{(s)}\Psi = \Psi\lambda \quad (\lambda \in \mathbb{H}) \tag{A.3}$$

時間発展を考えるときは，以下の**左固有値問題**（left eigenvalue problem）
$$U^{(s)}\Psi = \lambda\Psi \quad (\lambda \in \mathbb{H})$$

よりも，右固有値問題のほうがよい．なぜなら，式 (A.3) を用いると，右固有値問題は
$$\left(U^{(s)}\right)^2 \Psi = U^{(s)}\left(U^{(s)}\Psi\right) = \left(U^{(s)}\Psi\right)\lambda = \Psi\lambda^2$$

と計算でき，一般に，
$$\left(U^{(s)}\right)^n \Psi = \Psi\lambda^n \quad (n \geq 1)$$

と表されるからである．これは非可換な性質をもつ四元数を扱っているためで，とくに注意を要する．また，$U^{(s)}$ はユニタリなので，複素数の場合と同様に，定義から $|\lambda| = 1$ が導かれる．固有値 λ を強調するときは，$\Psi = \Psi^{(\lambda)}$ と書くこともある．このとき，$\phi(\Psi^{(\lambda)}) \in \mathcal{M}_s$ が成り立っている．したがって，右固有値問題を解くことにより定常測度が求められるので，右固有値問題を解くことは重要である．ゆえに，ここで紹介しているモデルは $\mathbb{Z}$ 上の無限系モデルであるが，サイクルなどの有限系モデルの場合に右固有値を求めるときは，定理 8.3 が大変有用になってくる．

[†] しばしば，$\phi(\Psi(x))$ と $\phi(\Psi)(x)$ を同一視する．

さらに，固有値 λ の右固有ベクトル全体の集合

$$\mathcal{W}^{(\lambda)} = \left\{ \Psi^{(\lambda)} \in \mathbb{C}^{\mathbb{Z}} \setminus \{\mathbf{0}\} : U^{(s)} \Psi^{(\lambda)} = \Psi^{(\lambda)} \lambda \right\}$$

を導入する．このとき，式 (A.3) と以下が同値であることに注意しよう．

$$\Psi^L(x)\lambda = a\Psi^L(x+1) + b\Psi^R(x+1) \tag{A.4}$$
$$\Psi^R(x)\lambda = c\Psi^L(x-1) + d\Psi^R(x-1) \tag{A.5}$$

ただし，$x \in \mathbb{Z}$ である．

A.2 四元数量子ウォークの分布

この節では，原点から出発した四元数量子ウォークの分布について考えよう．まず，時刻 0 での原点での状態を以下のようにおく．

$$\varphi = \begin{bmatrix} \alpha \\ \beta \end{bmatrix} \in \mathbb{H}^2$$

ただし，$\alpha, \beta \in \mathbb{H}$ で $|\alpha|^2 + |\beta|^2 = 1$ である．そして，Ψ_0^φ を原点での四元数量子ウォーカーの状態が φ のときの，系全体での初期状態とする．

$$\begin{aligned}\Psi_0^\varphi &= {}^T\!\!\left[\ldots, \begin{bmatrix} \Psi^L(-2) \\ \Psi^R(-2) \end{bmatrix}, \begin{bmatrix} \Psi^L(-1) \\ \Psi^R(-1) \end{bmatrix}, \begin{bmatrix} \Psi^L(0) \\ \Psi^R(0) \end{bmatrix}, \begin{bmatrix} \Psi^L(1) \\ \Psi^R(1) \end{bmatrix}, \begin{bmatrix} \Psi^L(2) \\ \Psi^R(2) \end{bmatrix}, \ldots \right] \\ &= {}^T\!\!\left[\ldots, \begin{bmatrix} 0 \\ 0 \end{bmatrix}, \begin{bmatrix} 0 \\ 0 \end{bmatrix}, \varphi, \begin{bmatrix} 0 \\ 0 \end{bmatrix}, \begin{bmatrix} 0 \\ 0 \end{bmatrix}, \ldots \right]\end{aligned}$$

この定義より，時刻 0 では原点以外には四元数量子ウォーカーは存在しないこともわかる．そして，時刻 n での四元数量子ウォークの確率分布，$X_n = X_n^\varphi$ を以下で定める．

$$P(X_n = x) = P(X_n^\varphi = x) = \phi\left(\left(U^{(s)}\right)^n \Psi_0^\varphi\right)(x)$$

ただし，$x \in \mathbb{Z}$ は四元数量子ウォーカーの存在する場所を表す．

さて，$P(X_n = x)$ を計算するために，つぎの 2×2 行列 $\Xi_n(l, m)$ を導入する．$l + m = n$ と $-l + m = x$ をみたす l と m を固定したとき，

$$\Xi_n(l, m) = \sum_{l_j, m_j} P^{l_n} Q^{m_n} P^{l_{n-1}} Q^{m_{n-1}} \cdots P^{l_2} Q^{m_2} P^{l_1} Q^{m_1}$$

となる．ここで，和は $l_1 + \cdots + l_n = l$, $m_1 + \cdots + m_n = m$ と $l_j + m_j = 1$ ($1 \leq j \leq n$) をみたす $l_j, m_j \in \{0, 1\}$ についてとる．この行列は，左に l 回，右に m 回移動したすべてのパスの重みの和を表している．たとえば，以下のように計算できる．

A.2 四元数量子ウォークの分布

$$\Xi_2(2,0) = P^2, \quad \Xi_2(1,1) = PQ + QP, \quad \Xi_2(0,2) = Q^2,$$
$$\Xi_3(3,0) = P^3, \quad \Xi_3(2,1) = P^2Q + PQP + QP^2,$$
$$\Xi_3(1,2) = Q^2P + QPQ + PQ^2, \quad \Xi_3(0,3) = Q^3$$

これを用いると，

$$\varphi = \begin{bmatrix} \Psi^L(0) \\ \Psi^R(0) \end{bmatrix} = \begin{bmatrix} \alpha \\ \beta \end{bmatrix} \in \mathbb{H}^2$$

とおいたとき，

$$\Psi_n(x) = \Xi_n(l,m)\varphi$$

が成り立つ．ただし，$l = (n-x)/2$ かつ $m = (n+x)/2$ である．

これから，具体的に時刻 $n = 1, 2, 3, 4$ に対して，$\Xi_n(l,m)$ を計算してみよう．まず，時刻 $n = 1$ のときは，以下のようになる．

$$\Xi_1(1,0) = P = \begin{bmatrix} a & b \\ 0 & 0 \end{bmatrix}, \quad \Xi_1(0,1) = Q = \begin{bmatrix} 0 & 0 \\ c & d \end{bmatrix}$$

時刻 $n = 2$ のときは，以下のようになる．

$$\Xi_2(2,0) = P^2 = \begin{bmatrix} a^2 & ab \\ 0 & 0 \end{bmatrix}, \quad \Xi_2(1,1) = PQ + QP = \begin{bmatrix} bc & bd \\ ca & cb \end{bmatrix},$$
$$\Xi_2(0,2) = Q^2 = \begin{bmatrix} 0 & 0 \\ dc & d^2 \end{bmatrix}$$

時刻 $n = 3$ のときは，以下のようになる．

$$\Xi_3(3,0) = \begin{bmatrix} a^3 & a^2b \\ 0 & 0 \end{bmatrix}, \quad \Xi_3(2,1) = \begin{bmatrix} abc + bca & abd + bcb \\ ca^2 & cab \end{bmatrix},$$
$$\Xi_3(1,2) = \begin{bmatrix} bdc & bd^2 \\ cbc + dca & cbd + dcb \end{bmatrix}, \quad \Xi_3(0,3) = \begin{bmatrix} 0 & 0 \\ d^2c & d^3 \end{bmatrix}$$

問題 A.1 同様にして，時刻 $n = 4$ のときの Ξ_4 を求めよ．

具体的な例として，以下で与えられる四元数量子ウォークについて考える．

$$U = \frac{1}{\sqrt{2}} \begin{bmatrix} 1 & i \\ j & k \end{bmatrix}$$

このとき，時刻 $n = 1$ のときは，以下のようになる．

$$\Xi_1(1,0) = \frac{1}{\sqrt{2}} \begin{bmatrix} 1 & i \\ 0 & 0 \end{bmatrix}, \quad \Xi_1(0,1) = \frac{1}{\sqrt{2}} \begin{bmatrix} 0 & 0 \\ j & k \end{bmatrix}$$

時刻 $n = 2$ のときは,以下のようになる.

$$\Xi_2(2,0) = \frac{1}{2} \begin{bmatrix} 1 & i \\ 0 & 0 \end{bmatrix}, \quad \Xi_2(1,1) = \frac{1}{2} \begin{bmatrix} k & -j \\ j & -k \end{bmatrix}, \quad \Xi_2(0,2) = \frac{1}{2} \begin{bmatrix} 0 & 0 \\ -i & -1 \end{bmatrix}$$

時刻 $n = 3$ のときは,以下のようになる.

$$\Xi_3(3,0) = \frac{1}{2\sqrt{2}} \begin{bmatrix} 1 & i \\ 0 & 0 \end{bmatrix}, \quad \Xi_3(2,1) = \frac{1}{2\sqrt{2}} \begin{bmatrix} 2k & 0 \\ j & -k \end{bmatrix},$$

$$\Xi_3(1,2) = \frac{1}{2\sqrt{2}} \begin{bmatrix} 1 & -i \\ 0 & 2 \end{bmatrix}, \quad \Xi_3(0,3) = \frac{1}{2\sqrt{2}} \begin{bmatrix} 0 & 0 \\ -j & -k \end{bmatrix}$$

問題 A.2 同様にして,時刻 $n = 4$ のときの Ξ_4 を求めよ.

さらに,いままでの結果を用いて,原点での初期状態が $\varphi = {}^T[1/\sqrt{2}, j/\sqrt{2}]$ のときの時刻 $n\,(=1,2,3)$ での状態を求めてみよう.時刻 $n = 1$ のときは,以下のようになる.

$$\Xi_1(1,0)\varphi = \frac{1}{2} \begin{bmatrix} 1+k \\ 0 \end{bmatrix}, \quad \Xi_1(0,1)\varphi = \frac{1}{2} \begin{bmatrix} 0 \\ -i+j \end{bmatrix}$$

時刻 $n = 2$ のときは,以下のようになる.

$$\Xi_2(2,0)\varphi = \frac{1}{2\sqrt{2}} \begin{bmatrix} 1+k \\ 0 \end{bmatrix}, \quad \Xi_2(1,1)\varphi = \frac{1}{2\sqrt{2}} \begin{bmatrix} 1+k \\ i+j \end{bmatrix},$$

$$\Xi_2(0,2)\varphi = \frac{1}{2\sqrt{2}} \begin{bmatrix} 0 \\ -i-j \end{bmatrix}$$

時刻 $n = 3$ のときは,以下のようになる.

$$\Xi_3(3,0)\varphi = \frac{1}{4} \begin{bmatrix} 1+k \\ 0 \end{bmatrix}, \quad \Xi_3(2,1)\varphi = \frac{1}{4} \begin{bmatrix} 2k \\ i+j \end{bmatrix},$$

$$\Xi_3(1,2)\varphi = \frac{1}{4} \begin{bmatrix} 1-k \\ 2j \end{bmatrix}, \quad \Xi_3(0,3)\varphi = \frac{1}{4} \begin{bmatrix} 0 \\ i-j \end{bmatrix}$$

問題 A.3 同様にして,時刻 $n = 4$ のときの Ξ_4 を求めよ.

以上から,この四元数量子ウォークの確率分布を以下のように求めることができる.

$$P(X_1 = -1) = P(X_1 = 1) = 1/2,$$
$$P(X_2 = -2) = P(X_2 = 2) = 1/4, \quad P(X_2 = 0) = 1/2,$$
$$P(X_3 = -3) = P(X_3 = 3) = 1/8, \quad P(X_3 = -1) = P(X_3 = 1) = 3/8,$$
$$P(X_4 = -4) = P(X_4 = 4) = 1/16, \quad P(X_4 = -2) = P(X_4 = 2) = 6/16,$$
$$P(X_4 = 0) = 2/16$$

次節でみるように，時刻 n が大きくなると，四元数量子ウォークの確率分布の計算は一般に煩雑となる．

A.3　パスの重み

この節では，一般のパスの重み $\Xi_n(l,m)$ について考える．まず，以下の関係式に着目する．

$$P^2 = aP$$

さらに，つぎの 2×2 行列 R と S を導入しよう[†]．

$$R = \begin{bmatrix} c & d \\ 0 & 0 \end{bmatrix}, \quad S = \begin{bmatrix} 0 & 0 \\ a & b \end{bmatrix}$$

このとき，表 A.1 のような P, Q, R, S に関する掛算表を得る．

表 A.1

	P	Q	R	S
P	aP	bR	aR	bP
Q	cS	dQ	cQ	dS
R	cP	dR	cR	dP
S	aS	bQ	aQ	bS

たとえば，この表は $PQ = bR$ のように理解する．この表を用いると，本質的に 4 種類しかない，以下のパスの重みに関する結果を得る．

$$\overbrace{PP\cdots P}^{w_1}\overbrace{QQ\cdots Q}^{w_2}\overbrace{PP\cdots P}^{w_3}\cdots \overbrace{QQ\cdots Q}^{w_{2\gamma}}\overbrace{PP\cdots P}^{w_{2\gamma+1}}$$
$$= a^{w_1-1}bd^{w_2-1}ca^{w_3-1}b\cdots d^{w_{2\gamma}-1}ca^{w_{2\gamma+1}-1}P,$$

$$\overbrace{QQ\cdots Q}^{w_1}\overbrace{PP\cdots P}^{w_2}\overbrace{QQ\cdots Q}^{w_3}\cdots \overbrace{PP\cdots P}^{w_{2\gamma}}\overbrace{QQ\cdots Q}^{w_{2\gamma+1}}$$
$$= d^{w_1-1}ca^{w_2-1}bd^{w_3-1}c\cdots a^{w_{2\gamma}-1}bd^{w_{2\gamma+1}-1}Q,$$

[†] この P, Q, R, S は，5.2 節で説明したように，$M_2(\mathbb{H})$ の正規直交基底になっている．

$$\overbrace{PP\cdots P}^{w_1}\overbrace{QQ\cdots Q}^{w_2}\overbrace{PP\cdots P}^{w_3}\cdots \overbrace{QQ\cdots Q}^{w_{2\gamma}}$$
$$= a^{w_1-1}bd^{w_2-1}ca^{w_3-1}b\cdots a^{w_{2\gamma-1}-1}bd^{w_{2\gamma}-1}R,$$
$$\overbrace{QQ\cdots Q}^{w_1}\overbrace{PP\cdots P}^{w_2}\overbrace{QQ\cdots Q}^{w_3}\cdots \overbrace{PP\cdots P}^{w_{2\gamma}}$$
$$= d^{w_1-1}ca^{w_2-1}bd^{w_3-1}c\cdots d^{w_{2\gamma-1}-1}ca^{w_{2\gamma}-1}S$$

ただし,$w_1, w_2, \ldots, w_{2\gamma+1} \geq 1$ かつ $\gamma \geq 1$ である.このとき,a, b, c, d は四元数なので非可換となり,複素数の場合のように簡単な表記が得られず,一般に計算が難しくなる.

ここで,P, Q, R, S は,5.2 節で説明したように,トレース内積 $\langle A|B\rangle = \mathrm{tr}(A^*B)$ に関する $M_2(\mathbb{H})$ の正規直交基底になっている.また,トレース tr は,

$$\mathrm{tr}\left(\begin{bmatrix} x & y \\ z & w \end{bmatrix}\right) = x + w$$

である.したがって,$\Xi_n(l, m)$ はつぎのような表現を一意的にもつ.

$$\Xi_n(l, m) = p_n(l, m)P + q_n(l, m)Q + r_n(l, m)R + s_n(l, m)S$$

表現の一意性はわかったので,つぎの目標は,それぞれの係数 $p_n(l, m), q_n(l, m), r_n(l, m), s_n(l, m)$ を具体的に求めることである.たとえば,$n = l + m = 4$ の場合には以下を得る.

$$\Xi_4(4, 0) = a^3 P, \quad \Xi_4(3, 1) = (abc + bca)P + a^2 bR + ca^2 S,$$
$$\Xi_4(2, 2) = bdcP + cabQ + (bcb + abd)R + (cbc + dca)S,$$
$$\Xi_4(1, 3) = (dcb + cbd)Q + bd^2 R + d^2 cS, \quad \Xi_4(0, 4) = d^3 Q$$

ゆえに,たとえば $l = 3, m = 1$ の場合は,

$$p_4(3, 1) = abc + bca, \quad q_4(3, 1) = 0, \quad r_4(3, 1) = a^2 b, \quad s_4(3, 1) = ca^2$$

となる.量子ウォークの場合には,$a, b, c, d \in \mathbb{C}$ で,a, b, c, d は可換なので,

$$p_4(3, 1) = 2abc, \quad q_4(3, 1) = 0, \quad r_4(3, 1) = a^2 b, \quad s_4(3, 1) = a^2 c$$

が得られる.このように,四元数の場合には,一般の $\Xi_n(l, m)$ の表現を量子ウォークのように求めることは簡単ではない.

そろそろ,四元数量子ウォークの紹介を終えることとしよう.四元数量子ウォークは,非可換行列式など数学固有の問題だけでなく,物理系や量子情報系などへの応用も含め,今後さまざまな興味深い問題と密接に絡む可能性があることを考えると,新しい魅力的な研究テーマである.

問題の解答

○第2章○

2.1 $x_0 = 1$, $x_1 = 2$, $y_0 = 3$, $y_1 = 4$ なので,式 (2.1) より,
$$xy = 1 \times 3 - 2 \times 4 + (1 \times 4 + 2 \times 3)i = -5 + 10i$$

2.2 式 (2.2) に代入しても求められるが,$x^2 = (1+i)^2 = 1 + 2i - 1 = 2i$ より,$x^2 = 2i$ である.

2.3 式 (2.3) に代入してもよいが,以下のようにも求められる.
$$\frac{x}{y} = \frac{i}{1+i} = \frac{i(1-i)}{(1+i)(1-i)} = \frac{1+i}{2}$$

2.4 $\langle x, x \rangle = 1 \times 1 + 1 \times 1 = 2$

2.5 $\langle x, y \rangle = 1 \times 0 + 1 \times 1 = 1$

2.6 $\langle x, y \rangle = 1 \times 1 + 1 \times (-1) = 0$

2.7 式 (2.1) を用いると,
$$xx^* = (x_0 + x_1 i)(x_0 - x_1 i) = x_0^2 + x_1^2$$

同様に $x^* x = x_0^2 + x_1^2$ が導かれる.ゆえに,$xx^* = x^* x$ が得られた.

2.8 $|1 + 2i| = \sqrt{1^2 + 2^2} = \sqrt{5}$

2.9 $x^* = 1 - 2i$ なので,$\langle x, x^* \rangle = 1 \times 1 + 2 \times (-2) = -3$ となる.

2.10 $(1+i)^{-1} = \dfrac{(1+i)^*}{|1+i|^2} = \dfrac{1-i}{2}$

2.11 $|x^{-1}| = \left| \dfrac{x^*}{|x|^2} \right| = \dfrac{|x^*|}{|x|^2} = \dfrac{|x|}{|x|^2} = \dfrac{1}{|x|}$

2.12 $(xy)^* = x^* y^*$ と $|xy| = |x||y|$ に注意すると以下を得る.
$$(xy)^{-1} = \frac{(xy)^*}{|xy|^2} = \frac{x^* y^*}{|xy|^2} = \frac{x^*}{|x|^2} \times \frac{y^*}{|y|^2} = x^{-1} y^{-1}$$

2.13 $r = \sqrt{1^2 + (-1)^2} = \sqrt{2}$, $\theta = \dfrac{\pi}{4}$

2.14 $r = \sqrt{(-1)^2} = 1$, $\theta = \pi$

2.15 $r = \sqrt{2}$, $\theta = \pi/4$ なので,$1 + i = \sqrt{2} e^{\pi i/4}$ となる.

2.16 それぞれ,$-1 = e^{i\pi}$, $1 - i = \sqrt{2} e^{7\pi i/4}$, $\sqrt{3} - i = 2 e^{11\pi i/6}$ となる.

○第3章○

3.1 たとえば，$ijkijk = (ijk)^2 = (-1)^2 = 1$

3.2 たとえば，$kjkik = (kj)(ki)k = (-i)jk = (-i)(jk) = (-i)i = 1$

3.3 $x + y = 2 - i + 4j - 3k$

3.4 $x + y = 2$

3.5 $xy = (1+i)(j+k) = j + ij + k + ik = j + k + k - j = 2k$

3.6 $xy = 4$

3.7 $x = x_0 + x_1 i + x_2 j + x_3 k = x_0 + x_1 i + (x_2 + x_3 i)j$

3.8 $x = x_0 + x_1 i + x_2 j + x_3 k = x_0 + x_1 i + j(x_2 - x_3 i)$

3.9 $x^2 = -2 + 2i + 2j + 2k$

3.10 $xy + yx = 2(x_0 y_0 - x_1 y_1 - x_2 y_2 - x_3 y_3)$
$\qquad\qquad + 2(x_0 y_1 + x_1 y_0)i + 2(x_0 y_2 + x_2 y_0)j + (x_0 y_3 + x_3 y_0)k$

3.11 $\langle x, x \rangle = 4$

3.12 $\langle x, y \rangle = 0$

3.13 $\Re(1 + i + j + k) = 1, \quad \Im(1 + i + j + k) = i + j + k$

3.14 $x^* = 1 - i - j - k$

3.15 $x^* = 1 - i - j - k$ なので，$\langle x, x^* \rangle = -2$.

3.16 省略

3.17 式 (3.3) を用いると，
$$\begin{aligned} xx^* &= x_0 x_0 + x_1 x_1 + x_2 x_2 + x_3 x_3 \\ &\quad + (-x_0 x_1 + x_1 x_0 - x_2 x_3 + x_3 x_2)i \\ &\quad + (-x_0 x_2 + x_1 x_3 + x_2 x_0 - x_3 x_1)j \\ &\quad + (-x_0 x_3 - x_1 x_2 + x_2 x_1 + x_3 x_0)k \\ &= x_0^2 + x_1^2 + x_2^2 + x_3^2 \end{aligned}$$

が成り立つ．ゆえに
$$xx^* = x_0^2 + x_1^2 + x_2^2 + x_3^2$$

同様に $x^* x = x_0^2 + x_1^2 + x_2^2 + x_3^2$ が導かれる．ゆえに，$xx^* = x^* x$ が得られた．

3.18 $|1 + i - j - 2k| = \sqrt{1^2 + 1^2 + (-1)^2 + (-2)^2} = \sqrt{7}$

3.19 $\Re(x) = 1, \quad \Im(x) = i + j + k, \quad x^* = \overline{x} = 1 - i - j - k, \quad |x| = 2$

3.20 $x = x^*$ ならば，$x_0 + x_1 i + x_2 j + x_3 k = x_0 - x_1 i - x_2 j - x_3 k$ より，$x_1 = x_2 = x_3 = 0$ なので，$x = x_0 \in \mathbb{R}$ が導かれる．逆は明らか．

3.21
$$\Im(x)^2 = -(x_1^2 + x_2^2 + x_3^2) = -|\Im(x)|^2$$

最初の等号は命題 3.1 より導かれる．

3.22 式 (3.8) より導かれる．

3.23
$$x^2 = x_0^2 - (x_1^2 + x_2^2 + x_3^2) + 2x_0(x_1 i + x_2 j + x_3 k)$$
$$= \Re(x)^2 - |\Im(x)|^2 + 2\Re(x)\Im(x)$$

最初の等号は命題 3.1 より導かれる．

3.24
$$x^3 = (\Re(x)^2 - |\Im(x)|^2 + 2\Re(x)\Im(x))(\Re(x) + \Im(x))$$
$$= \Re(x)^3 - 3\Re(x)|\Im(x)|^2 + (3\Re(x)^2 - |\Im(x)|^2)\Im(x)$$

最初の等号は式 (3.10) を用いた．

3.25 まず，式 (3.10) を用いて，x が解であることを示す．

$$x^2 - 2\Re(x)x + |x|^2$$
$$= |\Re(x)|^2 - |\Im(x)|^2 + 2\Re(x)\Im(x) - 2\Re(x)x + |x|^2$$
$$= |\Re(x)|^2 - |\Im(x)|^2 + 2\Re(x)\Im(x) - 2\Re(x)(\Re(x) + \Im(x)) + |x|^2$$
$$= x_0^2 - (x_1^2 + x_2^2 + x_3^2) - 2x_0^2 + (x_0^2 + x_1^2 + x_2^2 + x_3^2)$$
$$= 0$$

同様に式 (3.10) を用いて，x^* が解であることを示す．

$$(x^*)^2 - 2\Re(x^*)x^* + |x^*|^2$$
$$= |\Re(x^*)|^2 - |\Im(x^*)|^2 + 2\Re(x^*)\Im(x^*) - 2\Re(x^*)x^* + |x^*|^2$$
$$= |\Re(x^*)|^2 - |\Im(x^*)|^2 + 2\Re(x^*)\Im(x^*) - 2\Re(x^*)(\Re(x^*) + \Im(x^*)) + |x^*|^2$$
$$= x_0^2 - (x_1^2 + x_2^2 + x_3^2) - 2x_0^2 + (x_0^2 + x_1^2 + x_2^2 + x_3^2)$$
$$= 0$$

以上より，x と x^* が $t^2 - 2\Re(x)t + |x|^2 = 0$ の解であることが示された．

3.26 $|x^{-1}| = |x^*/|x|^2| = |x|/|x|^2 = 1/|x|$

3.27 $(xy)^* = y^*x^*$ と $|xy| = |x||y|$ に注意すると，以下を得る．
$$(xy)^{-1} = \frac{(xy)^*}{|xy|^2} = \frac{y^*x^*}{|xy|^2} = \frac{y^*}{|y|^2} \times \frac{x^*}{|x|^2} = y^{-1}x^{-1}$$

3.28 $j^2 = -1$ より，$j^{-1} = -j$ となる．

3.29 $x^{-1} = (-i - j)/\sqrt{2}$

3.30 $|x|^2 = 4$ より，$x^{-1} = x^*/|x|^2 = (1 - i - j - k)/4$ となる．

3.31 命題 3.5 より得られる．

3.32 命題 3.6 より，
$$ixj + jxi = -2x_2 i - 2x_1 j, \quad ixk + kxi = -2x_3 i - 2x_1 k,$$
$$jxk + kxj = -2x_3 j - 2x_2 k$$

3.33 命題 3.6 より，

$$ix^*j + jx^*i = 2x_2i + 2x_1j, \quad ix^*k + kx^*i = 2x_3i + 2x_1k,$$
$$jx^*k + kx^*j = 2x_3j + 2x_2k$$

3.34 $x = i$ に対して，たとえば $u = (i+k)/\sqrt{2}$ とおくと，$u^{-1} = (-i-k)/\sqrt{2}$ なので，$u^{-1}xu = k$ とすることができる．

3.35 (1) は $u = 1$ とすればよい．
(2) は $u^{-1}xu = y$ が成り立つとき，$uyu^{-1} = x$ が導かれるので，u として u^{-1} をとればよい．
(3) は $u_1^{-1}xu_1 = y$, $u_2^{-1}yu_2 = z$ が成り立つとき，$(u_1u_2)^{-1}xu_1u_2 = u_2^{-1}(u_1^{-1}xu_1)u_2 = u_2^{-1}yu_2 = z$ が導かれるので，u として u_1u_2 をとればよい．

3.36 $v = u/|u|$ を考えればよい．

3.37 $|u^{-1}| = 1/|u|$ に注意すれば，$|y| = |u^{-1}xu| = |u^{-1}||x||u| = |x|$ が得られる．

3.38 $q = q_0 + q_1i \in \mathbb{C}$ のとき，ある $x (\neq 0) \in \mathbb{H}$ が存在して，$qx = x(q_0 + \sqrt{q_1^2}i)$ を示せばよい．実際に，$q_0, q_1 \in \mathbb{R}$ に注意して，

$$qx = x(q_0 + \sqrt{q_1^2}i)$$
$$\Leftrightarrow (q_0 + q_1i)(x_0 + x_1i + x_2j + x_3k) = (x_0 + x_1i + x_2j + x_3k)(q_0 + \sqrt{q_1^2}i)$$
$$\Leftrightarrow q_1i(x_0 + x_1i + x_2j + x_3k) = (x_0 + x_1i + x_2j + x_3k)\sqrt{q_1^2}i$$
$$\Leftrightarrow q_1x_0i - q_1x_1 + q_1x_2k - q_1x_3j = x_0\sqrt{q_1^2}i - x_1\sqrt{q_1^2} - x_2\sqrt{q_1^2}k + x_3\sqrt{q_1^2}j$$

$q_1 > 0$ のときは，$\sqrt{q_1^2} = q_1$ なので，

$$qx = x(q_0 + \sqrt{q_1^2}i)$$
$$\Leftrightarrow q_1x_0i - q_1x_1 + q_1x_2k - q_1x_3j = x_0q_1i - x_1q_1 - x_2q_1k + x_3q_1j$$

ゆえに，$x_2 = x_3 = 0$ が導かれる．したがって，$x = x_0 + x_1i \,(\neq 0)$ であればよい．同様にして，$q_1 < 0$ のときは，$\sqrt{q_1^2} = -q_1$ なので，

$$qx = x(q_0 + \sqrt{q_1^2}i)$$
$$\Leftrightarrow q_1x_0i - q_1x_1 + q_1x_2k - q_1x_3j = -x_0q_1i + x_1q_1 + x_2q_1k - x_3q_1j$$

ゆえに，$x_0 = x_1 = 0$ が導かれる．したがって，$x = x_2j + x_3k \,(\neq 0)$ であればよい．最後に，$q_1 = 0$ のときは，$q_0x = xq_0$ より，$x \neq 0$ であればよい．

3.39 $p = i$ で，q に関しては見つけやすいように $|q| = 1$, $q_0 = 0$ と仮定して，$q^{-1}iq = j$ をみたす q を探す．命題3.9 より，

$$q^{-1}iq = -i + 2q_1(q_1i + q_2j + q_3k) = (2q_1^2 - 1)i + 2q_1q_2j + 2q_1q_3k = j$$

なので，

$$2q_1^2 - 1 = 0, \quad 2q_1q_2 = 1, \quad q_1q_3 = 0$$

が導かれる．これから，たとえば $q_1 = q_2 = 1/\sqrt{2}$, $q_3 = 0$ とすると，$q = (i+j)/\sqrt{2}$ となる．実際に，$q^{-1} = -(i+j)/\sqrt{2}$ に注意すると，$q^{-1}iq = j$ が確かめられる．

3.40
$$xy = \begin{bmatrix} 1 & -1 & -1 & -1 \\ 1 & 1 & -1 & 1 \\ 1 & 1 & 1 & -1 \\ 1 & -1 & 1 & 1 \end{bmatrix} \begin{bmatrix} 1 \\ 1 \\ 1 \\ 1 \end{bmatrix} = \begin{bmatrix} -2 \\ 2 \\ 2 \\ 2 \end{bmatrix}$$

ゆえに，$xy = -2 + 2\,(i+j+k)$（問題 2.2 も参照のこと）．

3.41
$$e^{i-2j+3k} = \cos\left(\sqrt{14}\right) + \frac{i-2j+3k}{\sqrt{14}} \sin\left(\sqrt{14}\right)$$

3.42 $r = |x| = 2$, $\theta_x = \tan^{-1}(1/\sqrt{3}) = \pi/6$, $\mu_x = (i+j+k)/\sqrt{3}$ なので，
$$\sqrt{3} + \frac{i+j+k}{\sqrt{3}} = 2\left\{\cos\left(\frac{\pi}{6}\right) + \frac{i+j+k}{\sqrt{3}} \sin\left(\frac{\pi}{6}\right)\right\}$$

3.43 系 3.4 より，
$$(1+i+j+k)^n = 2^n \left\{\cos\left(\frac{\pi n}{3}\right) + \frac{i+j+k}{\sqrt{3}} \sin\left(\frac{\pi n}{3}\right)\right\}$$

なので，
$$(1+i+j+k)^3 = 2^3 \left\{\cos\left(\pi\right) + \frac{i+j+k}{\sqrt{3}} \sin\left(\pi\right)\right\} = -8$$

3.44 式 (3.25) と式 (3.26) の左辺はともに，
$$e^{\frac{\pi}{2}i} \times e^{\frac{\pi}{4}j} = i \times \frac{\sqrt{2}(1+j)}{2} = \frac{\sqrt{2}(i+k)}{2}$$

となる．一方，式 (3.25) の右辺は，
$$\frac{1}{2}\left(e^{\frac{3}{4}\pi i} + e^{\frac{\pi}{4}i}\right) - \frac{i}{2}\left(e^{\frac{3}{4}\pi i} - e^{\frac{\pi}{4}i}\right)j$$
$$= \frac{1}{2}\left\{\frac{\sqrt{2}(-1+i)}{2} + \frac{\sqrt{2}(1+i)}{2}\right\} - \frac{i}{2}\left\{\frac{\sqrt{2}(-1+i)}{2} - \frac{\sqrt{2}(1+i)}{2}\right\}j$$
$$= \frac{\sqrt{2}}{2}(i+k)$$

で一致する．同様に，式 (3.26) の右辺も
$$\frac{1}{2}\left(e^{\frac{3}{4}\pi j} + e^{-\frac{\pi}{4}j}\right) - \frac{i}{2}\left(e^{\frac{3}{4}\pi j} - e^{-\frac{\pi}{4}j}\right)j = 0 - \frac{i}{2}\left\{\sqrt{2}(-1+j)\right\}j = \frac{\sqrt{2}}{2}(i+k)$$

となり，一致する．

○第4章○

4.1 このときは,

$$i(x_0 + x_1 i + x_2 j + x_3 k) - (x_0 + x_1 i + x_2 j + x_3 k)j$$
$$= -(x_1 - x_2) + (x_0 + x_3)i - (x_0 + x_3)j - (x_1 - x_2)$$
$$= -1 + i - j - k$$

なので, $x_2 = x_1 - 1$, $x_3 = -x_0$ となり, $x = x_0 + x_1 i + (x_1 - 1)j - x_0 k$ $(x_0, x_1 \in \mathbb{R})$ が解である.

4.2 定理 4.6 の 4(a) の場合である. $b = b' = -2k$, $c = c' = -1$ なので, $D = 0$, $B = 2$, $E = 1$ となる. したがって, $(T, N) = (0, 1)$ なので, $x = k$ だけが解となる.

4.3 $x^3 - 1 = 0$ の場合と同様に解が得られる. まず, $3x_0^2 - (x_1^2 + x_2^2 + x_3^2) \neq 0$ ならば, $x_1 i + x_2 j + x_3 k = 0$ より, $x_1 = x_2 = x_3 = 0$ となる. ゆえに, 式 (4.75) から $x_0^3 = -1$ が導かれ, $x_0 = -1$, すなわち $x = -1$ を得る. 一方, $3x_0^2 - (x_1^2 + x_2^2 + x_3^2) = 0$ ならば, 式 (4.75) から $x_0^3 = 1/8$ が得られるので, $x_0 = 1/2$. したがって, $x = 1/2 + x_1 i + x_2 j + x_3 k$ で $x_1^2 + x_2^2 + x_3^2 = 3/4$ が導かれる. 以上から, $x^3 + 1 = 0$ の解は,

$$x = -1, \quad x = \frac{1}{2} + x_1 i + x_2 j + x_3 k, \quad \text{ただし}, \quad x_1^2 + x_2^2 + x_3^2 = \frac{3}{4}$$

である.

○第5章○

5.1 $AA^* = \begin{bmatrix} j & 0 \\ 0 & k \end{bmatrix} \begin{bmatrix} -j & 0 \\ 0 & -k \end{bmatrix} = \begin{bmatrix} 1 & 0 \\ 0 & 1 \end{bmatrix} = A^*A$

5.2 省略

5.3 省略

5.4
$$AB = I$$
$$\Rightarrow (A_1 + jA_2)(B_1 + jB_2) = I$$
$$\Rightarrow (A_1 B_1 + jA_2 jB_2) + (jA_2 B_1 + A_1 jB_2) = I$$
$$\Rightarrow (A_1 B_1 + \overline{A_2} jjB_2) + (jA_2 B_1 + j\overline{A_1} B_2) = I$$
$$\Rightarrow (A_1 B_1 - \overline{A_2} B_2) + j(A_2 B_1 + \overline{A_1} B_2) = I$$
$$\Rightarrow A_1 B_1 - \overline{A_2} B_2 = I, \quad A_2 B_1 + \overline{A_1} B_2 = O$$
$$\Rightarrow \begin{bmatrix} A_1 & -\overline{A_2} \\ A_2 & \overline{A_1} \end{bmatrix} \begin{bmatrix} B_1 & -\overline{B_2} \\ B_2 & \overline{B_1} \end{bmatrix} = \begin{bmatrix} I & O \\ O & I \end{bmatrix}$$
$$\Rightarrow \begin{bmatrix} B_1 & -\overline{B_2} \\ B_2 & \overline{B_1} \end{bmatrix} \begin{bmatrix} A_1 & -\overline{A_2} \\ A_2 & \overline{A_1} \end{bmatrix} = \begin{bmatrix} I & O \\ O & I \end{bmatrix}$$
$$\Rightarrow B_1 A_1 - \overline{B_2} A_2 = I, \quad B_2 A_1 + \overline{B_1} A_2 = O$$
$$\Rightarrow (B_1 A_1 - \overline{B_2} A_2) + (B_2 A_1 + \overline{B_1} A_2)j = I$$

$$\Rightarrow (B_1 + jB_2)(A_1 + jA_2) = I$$
$$\Rightarrow BA = I$$

5.5 命題 5.1 より，$AA^* = I, BB^* = I$ を示せば十分．

$$AA^* = \frac{1}{2}\begin{bmatrix} 1+k & 0 \\ 0 & 1-j \end{bmatrix}\begin{bmatrix} 1-k & 0 \\ 0 & 1+j \end{bmatrix} = \frac{1}{2}\begin{bmatrix} 1-k^2 & 0 \\ 0 & 1-j^2 \end{bmatrix} = \begin{bmatrix} 1 & 0 \\ 0 & 1 \end{bmatrix}$$

$$BB^* = \frac{1}{2}\begin{bmatrix} 1 & i \\ j & k \end{bmatrix}\begin{bmatrix} 1 & -j \\ -i & -k \end{bmatrix} = \frac{1}{2}\begin{bmatrix} 1-i^2 & -j-ik \\ j-ki & -j^2-k^2 \end{bmatrix} = \begin{bmatrix} 1 & 0 \\ 0 & 1 \end{bmatrix}$$

5.6 $AA^* = I$ を確かめればよい．

5.7 $I = AA^{-1}$ なので，$I = ((A^{-1})^{-1})A^{-1}$ より，A^{-1} も正則行列で，$(A^{-1})^{-1} = A$ が導かれる．

5.8 $(B^{-1}A^{-1})AB = B^{-1}(A^{-1}A)B = B^{-1}B = I$

5.9 省略

5.10 省略

5.11 省略

○第 6 章○

6.1 $\mathbf{c} = \dfrac{\mathbf{a} + \mathbf{b}}{2}$

6.2 (1) $\langle \mathbf{a}, \mathbf{b} \rangle = 1 \times 0 + 0 \times 1 = 0$ (2) $\langle \mathbf{a}, \mathbf{b} \rangle = 1 \times 1 + 1 \times (-1) = 0$
(3) $\langle \mathbf{a}, \mathbf{b} \rangle = 1/\sqrt{2}$

6.3 (1) $S = |1 \times 1 - 0 \times 0| = 1$ (2) $S = 2$

6.4 省略

6.5 $\langle \mathbf{a}, \mathbf{p} \rangle = 1 \times 2 + 0 \times 1 = 2$ なので，

$$\mathbf{p}' = \langle \mathbf{a}, \mathbf{p} \rangle \mathbf{a} = \begin{bmatrix} 2 \\ 0 \end{bmatrix}$$

6.6 $R(0) = \begin{bmatrix} 1 & 0 \\ 0 & 1 \end{bmatrix} = I$

6.7 $R(-\theta) = \begin{bmatrix} \cos\theta & \sin\theta \\ -\sin\theta & \cos\theta \end{bmatrix}$

6.8
$$R(\pi/2)S_x = \begin{bmatrix} 0 & -1 \\ 1 & 0 \end{bmatrix}\begin{bmatrix} 1 & 0 \\ 0 & -1 \end{bmatrix} = \begin{bmatrix} 0 & 1 \\ 1 & 0 \end{bmatrix}$$

したがって，$R(\pi/2)S_x$ は $y = x$ に関する折り返しになっていることがわかる．

[補足] 一方,
$$S_x R(\pi/2) = \begin{bmatrix} 1 & 0 \\ 0 & -1 \end{bmatrix} \begin{bmatrix} 0 & -1 \\ 1 & 0 \end{bmatrix} = \begin{bmatrix} 0 & -1 \\ -1 & 0 \end{bmatrix}$$
なので, $y = -x$ に関する折り返しになっていることがわかる. すなわち, $R(\pi/2)S_x \neq S_x R(\pi/2)$ であることに注意を要する.

○第 7 章○

7.1 (1) $\mathbf{a} \times \mathbf{b} = \begin{bmatrix} 0 \\ 0 \\ 1 \end{bmatrix}$ (2) $\mathbf{a} \times \mathbf{b} = \begin{bmatrix} 0 \\ 0 \\ -1 \end{bmatrix}$ (3) $\mathbf{a} \times \mathbf{b} = \begin{bmatrix} 1 \\ 0 \\ 0 \end{bmatrix}$ (4) $\mathbf{a} \times \mathbf{b} = \begin{bmatrix} 0 \\ 0 \\ 2 \end{bmatrix}$

7.2
$$t_{11} = \cos\theta_3 \cos\theta_2 \cos\theta_1 - \sin\theta_3 \sin\theta_1,$$
$$t_{12} = -\cos\theta_3 \cos\theta_2 \sin\theta_1 - \sin\theta_3 \cos\theta_1, \quad t_{13} = \cos\theta_3 \sin\theta_2,$$
$$t_{21} = \cos\theta_3 \sin\theta_1 + \sin\theta_3 \cos\theta_2 \cos\theta_1,$$
$$t_{22} = \cos\theta_3 \cos\theta_1 - \sin\theta_3 \cos\theta_2 \sin\theta_1, \quad t_{23} = \sin\theta_3 \sin\theta_2,$$
$$t_{31} = -\sin\theta_2 \cos\theta_1, \quad t_{32} = \sin\theta_2 \sin\theta_1, \quad t_{33} = \cos\theta_2$$

7.3 省略

7.4
$$R_{\mathbf{a}}(\pi/2) = \frac{1}{3} \begin{bmatrix} 1 & 1-\sqrt{3} & 1+\sqrt{3} \\ 1+\sqrt{3} & 1 & 1-\sqrt{3} \\ 1-\sqrt{3} & 1+\sqrt{3} & 1 \end{bmatrix}$$
なので, $\mathbf{p}' = R_{\mathbf{a}}(\pi/2)\mathbf{p} = {}^T[1/3, (1+\sqrt{3})/3, (1-\sqrt{3})/3]$ に移る.

7.5 この場合は, $a_1 = a_2 = 1/\sqrt{2}, a_3 = 0$ なので,
$$R_{\mathbf{a}}(\pi/2) = \frac{1}{2} \begin{bmatrix} 1 & 1 & \sqrt{2} \\ 1 & 1 & -\sqrt{2} \\ -\sqrt{2} & \sqrt{2} & 0 \end{bmatrix}$$
となり, $\mathbf{p}' = R_{\mathbf{a}}(\pi/2)\mathbf{p} = {}^T[1/2, 1/2, -\sqrt{2}/2]$ に移る.

○第 8 章○

8.1 (1) $\sigma(A) = \{a, d\}$ (2) $\sigma(A) = \{1, -1\}$
(3) $\sigma(A) = \sigma(B) = \{\cos\theta + i\sqrt{1-\cos^2\theta}, \cos\theta - i\sqrt{1-\cos^2\theta}\}$

8.2 まず, 左固有値について考える.
$$A \begin{bmatrix} x \\ y \end{bmatrix} = \begin{bmatrix} 0 & 1 \\ 1 & 0 \end{bmatrix} \begin{bmatrix} x \\ y \end{bmatrix} = \begin{bmatrix} y \\ x \end{bmatrix} = \lambda \begin{bmatrix} x \\ y \end{bmatrix}$$

ゆえに,

$$y = \lambda x \tag{K.1}$$
$$x = \lambda y \tag{K.2}$$

式 (K.1) で $x = 1$ とおくと, $\lambda = y$ となる. これを, 式 (K.2) で $x = 1$ とおき代入すると, $\lambda^2 - 1 = 0$ が得られる. よって, 命題 4.1 の 2 より $\lambda = \pm 1$ が導かれ, $\sigma_l(A) = \{1, -1\}$ を得る.

つぎに, 右固有値について考える. ただし, 左固有値を求めたような「$x = 1$ とおく」議論は使えないので, 注意を要する.

$$y = x\lambda \tag{K.3}$$
$$x = y\lambda \tag{K.4}$$

より, $x = 0$ のとき, 式 (K.3) より $y = 0$ となるので, $x \neq 0$ でなければならない. このとき, 式 (K.3) を式 (K.4) に代入すると, $x = x\lambda^2$ となる. 左から x^{-1} をかけると, $\lambda^2 - 1 = 0$ が得られる. よって, 命題 4.1 の 2 より $\lambda = \pm 1$ が導かれ, $\sigma_r(A) = \{1, -1\}$ を得る.

8.3 まず左固有値から考えよう.

$$A \begin{bmatrix} x \\ y \end{bmatrix} = \begin{bmatrix} a & i \\ -i & a \end{bmatrix} \begin{bmatrix} x \\ y \end{bmatrix} = \begin{bmatrix} ax + iy \\ -ix + ay \end{bmatrix} = \lambda \begin{bmatrix} x \\ y \end{bmatrix}$$

ゆえに,

$$ax + iy = \lambda x \tag{K.5}$$
$$-ix + ay = \lambda y \tag{K.6}$$

式 (K.5) で $x = 1$ とおくと,

$$\lambda = a + iy \tag{K.7}$$

一方, 式 (K.6) で $x = 1$ とおき, 式 (K.7) を代入すると,

$$y^2 + 1 = 0$$

が得られる. ゆえに, $\sigma_l(A) = \{a + iy : y^2 + 1 = 0\}$ が導かれる. ここで, $y^2 + 1 = 0$ の解が $y = y_1 i + y_2 j + y_3 k \ (y_1^2 + y_2^2 + y_3^2 = 1)$ で与えられることに注意すると, 求めたい解 $\sigma_l(A) = \{a - y_1 - y_3 j + y_2 k : y_1^2 + y_2^2 + y_3^2 = 1\}$ が得られる.

つぎに, 右固有値を求める. 同様にして,

$$ax + iy = x\lambda \tag{K.8}$$
$$-ix + ay = y\lambda \tag{K.9}$$

$x = 0$ とすると，式 (K.8) より $y = 0$ なので，$x \neq 0$．同様に $y = 0$ とすると，式 (K.9) より $x = 0$ なので，$y \neq 0$ が導かれる．式 (K.8) と $a \in \mathbb{R}$ から，

$$\lambda = a + x^{-1} iy \tag{K.10}$$

となる．上式を式 (K.9) に代入すると，

$$y(a + x^{-1} iy) = -ix + ay$$

なので，$a \in \mathbb{R}$ より，

$$yx^{-1} iy = -ix$$

左から i を，右から x^{-1} をかけて，$w = iyx^{-1}$ とおくと $w^2 - 1 = 0$ となるので，命題 4.1 の 2 より，$w = \pm 1$ となる．ゆえに，$iy = \pm x$ なので，この式を式 (K.10) に代入すると，$\lambda = a \pm 1$ が導かれる．ゆえに，$\sigma_r(A) = \{a - 1, a + 1\}$ を得る．

8.4 まず，左固有値について考える．

$$A \begin{bmatrix} x \\ y \end{bmatrix} = \begin{bmatrix} 0 & 1+i \\ 1-i & 0 \end{bmatrix} \begin{bmatrix} x \\ y \end{bmatrix} = \begin{bmatrix} (1+i)y \\ (1-i)x \end{bmatrix} = \lambda \begin{bmatrix} x \\ y \end{bmatrix}$$

ゆえに，

$$(1+i)y = \lambda x \tag{K.11}$$
$$(1-i)x = \lambda y \tag{K.12}$$

式 (K.11) で $x = 1$ とおくと，

$$\lambda = (1+i)y \tag{K.13}$$

一方，式 (K.12) で $x = 1$ とおくと，

$$1 - i = \lambda y \tag{K.14}$$

が得られる．式 (K.13) の両辺に右から y をかけると，

$$\lambda y = (1+i)y^2 \tag{K.15}$$

式 (K.14) と式 (K.15) より λ を消去すると，

$$1 - i = (1+i)y^2 \tag{K.16}$$

が導かれる．ゆえに，上式の両辺に $1 - i$ を左からかけると $y^2 + i = 0$ になり，命題 4.1 の 3 より，

$$y = \pm \frac{1-i}{\sqrt{2}}$$

が得られる．よって，式 (K.13) に代入することにより $\lambda = \pm\sqrt{2}$ が導かれる．ゆえに，$\sigma_l(A) = \{\sqrt{2}, -\sqrt{2}\}$ が得られる．

つぎに，右固有値について考える．右固有方程式から，

$$(1+i)y = x\lambda \tag{K.17}$$
$$(1-i)x = y\lambda \tag{K.18}$$

が得られる．これらの式より $\lambda, x, y \neq 0$ であることが確かめられる．式 (K.17) から

$$\lambda = x^{-1}(1+i)y$$

が導かれるので，これを式 (K.18) に代入すると，

$$(1-i)x = yx^{-1}(1+i)y$$

となり，右から x^{-1} をかけて，$w = yx^{-1}$ とおくと $w(1+i)w = 1-i$ が得られる．さらに，左から $1+i$ をかけて，$u = (1+i)w/\sqrt{2}$ とおくと $u^2 - 1 = 0$ となる．ゆえに，命題 4.1 の 2 より $u = \pm 1$ を得る．したがって，$(1+i)w = \pm\sqrt{2}$ なので，左から $1-i$ をかけて，$w = \pm(1-i)\sqrt{2}/2$ が導かれる．よって，$y = \pm(1-i)\sqrt{2}x/2$ なので，式 (K.18) に代入すると $\lambda = \pm\sqrt{2}$ が得られる．ゆえに，$\sigma_r(A) = \{\sqrt{2}, -\sqrt{2}\}$ が求められた．

8.5 $a = d = 0$, $b = 1+i$, $c = 1-i$ なので，$x^2 + b^{-1}(a-d)x - b^{-1}c = 0$ は $x^2 + i = 0$ となり，命題 4.1 より，$x = \pm(1-i)/\sqrt{2}$ を得る．さらに，$a + bx = 0 + (1+i)x$ から，$\sigma_l(A) = \{\sqrt{2}, -\sqrt{2}\}$ が求められる．

8.6
$$A_1 = \begin{bmatrix} 0 & i \\ i & 0 \end{bmatrix}, \quad A_2 = \begin{bmatrix} 1 & 0 \\ 0 & -1 \end{bmatrix}$$

なので，

$$\psi(A) = \begin{bmatrix} 0 & i & -1 & 0 \\ i & 0 & 0 & 1 \\ 1 & 0 & 0 & -i \\ 0 & -1 & -i & 0 \end{bmatrix}$$

となる．したがって，

$$\det[\lambda I_4 - \psi(A)] = \lambda^2(\lambda^2 + 4)$$

と計算され，$\lambda_1 = 0$, $\lambda_2 = 2i$ となる．ゆえに，

$$\sigma_r(A) = [\lambda_1] \cup [\lambda_2] = \{0\} \cup [2i]$$

が得られる．

○付録○

A.1
$$\Xi_4(4,0) = \begin{bmatrix} a^4 & a^3b \\ 0 & 0 \end{bmatrix}, \quad \Xi_4(3,1) = \begin{bmatrix} abca + bca^2 + a^2bc & a^2bd + abcb + bcab \\ ca^3 & ca^2b \end{bmatrix},$$

$$\Xi_4(2,2) = \begin{bmatrix} bdca + abdc + bcbc & abd^2 + bdcb + bcbd \\ cbca + dca^2 + cabc & dcab + cbcb + cabd \end{bmatrix},$$

$$\Xi_4(1,3) = \begin{bmatrix} bd^2c & bd^3 \\ dcbc + d^2ca + cbdc & dcbd + d^2cb + cbd^2 \end{bmatrix}, \quad \Xi_4(0,4) = \begin{bmatrix} 0 & 0 \\ d^3c & d^4 \end{bmatrix}$$

A.2
$$\Xi_4(4,0) = \frac{1}{4}\begin{bmatrix} 1 & i \\ 0 & 0 \end{bmatrix}, \quad \Xi_4(3,1) = \frac{1}{4}\begin{bmatrix} 3k & j \\ j & -k \end{bmatrix}, \quad \Xi_4(2,2) = \frac{1}{4}\begin{bmatrix} 1 & i \\ i & 1 \end{bmatrix},$$

$$\Xi_4(1,3) = \frac{1}{4}\begin{bmatrix} -k & j \\ j & 3k \end{bmatrix}, \quad \Xi_4(0,4) = \frac{1}{4}\begin{bmatrix} 0 & 0 \\ i & 1 \end{bmatrix}$$

A.3
$$\Xi_4(4,0)\varphi = \frac{1}{4\sqrt{2}}\begin{bmatrix} 1+k \\ 0 \end{bmatrix}, \quad \Xi_4(3,1)\varphi = \frac{1}{4\sqrt{2}}\begin{bmatrix} -1+3k \\ i+j \end{bmatrix},$$

$$\Xi_4(2,2)\varphi = \frac{1}{4\sqrt{2}}\begin{bmatrix} 1+k \\ i+j \end{bmatrix}, \quad \Xi_4(1,3)\varphi = \frac{1}{4\sqrt{2}}\begin{bmatrix} -1-k \\ -3i+j \end{bmatrix},$$

$$\Xi_4(0,4)\varphi = \frac{1}{4\sqrt{2}}\begin{bmatrix} 0 \\ i+j \end{bmatrix}$$

参考文献

[1] J. H. コンウェイ，D. H. スミス（山田 修司 訳）：四元数と八元数 幾何，算術，そして対称性，培風館 (2006).
[2] 堀 源一郎：ハミルトンと四元数，海鳴社 (2007).
[3] 金谷 健一：幾何学と代数系 ハミルトン，グラスマン，クリフォード，森北出版 (2014).
[4] 金谷 一朗：3D-CG プログラマーのためのクォータニオン入門，工学社 (2004).
[5] 金谷 一朗：3D-CG プログラマーのための実践クォータニオン，工学社 (2004).
[6] 森田 克貞：四元数・八元数とディラック理論，日本評論社 (2011).
[7] 矢野 忠：四元数の発見，海鳴社 (2014).
[8] Aslaksen, H.: Quaternionic determinants. Math. Intelligencer, **18**, 57–65 (1996).
[9] Brenner, J. L.: Matrices of quaternions. Pacific J. Math, **1**, 329–335 (1951).
[10] Au-Yeung, Y. H.: On the convexity of numerical range in quaternionic Hilbert spaces. Linear and Multilinear Algebra, **16**, 93–100 (1984).
[11] Eilenberg, S., Niven, I.: The "fundamental theorem of algebra" for quaternions, Bull. Amer. Math. Soc, **50**, 246–248 (1944).
[12] Ell, T. A., Le Bihan, N., Sangwine, S. J.: Quaternion Fourier Transforms for Signal and Image Processing, Wiley (2014).
[13] Hitzer, E., Sangwine, S. J. (Editors): Quaternion and Clifford Fourier Transforms and Wavelets. Birkhäuser (2013).
[14] Huang, L., So, W.: On left eigenvalues of a quaternionic matrix, Linear Algebra and its Applications, **323**, 105–116 (2001).
[15] Huang, L., So, W.: Quadratic formulas for quaternions, Applied Mathematics Letters, **15**, 533–540 (2002).
[16] Tian, Y.: Universal factorization equalities for quaternion matrices and their applications, Math. J. Okayama Univ, **41**, 45–62 (1999).
[17] Zhang, F.: Quaternions and matrices of quaternions, Linear Algebra and its Applications, **251**, 21–57 (1997).
[18] 今野 紀雄：量子ウォークの数理，産業図書 (2008).
[19] 今野 紀雄：量子ウォーク，森北出版 (2014).
[20] 町田 拓也：図で解る 量子ウォーク入門，森北出版 (2015).
[21] Manouchehri, K., Wang, J.: Physical Implementation of Quantum Walks, Springer (2013).

[22] Portugal, R.: Quantum Walks and Search Algorithms, Springer (2013).
[23] Venegas-Andraca, S. E.: Quantum walks: a comprehensive review, Quantum Information Processing, **11**, 1015–1106 (2012).
[24] Grover, L.: A fast quantum mechanical algorithm for database search, Proc. of the 28th Annual ACM Symposium on Theory of Computing, 212–219 (1996).
[25] Konno, N.: Quaternionic quantum walks. Quantum Studies: Mathematics and Foundations, **2**, 63–76 (2015).
[26] Konno, N., Mitsuhashi, H., Sato, I.: The discrete-time quaternionic quantum walk on a graph, Quantum Information Processing, **15**, 651–673 (2016).

索 引

○あ 行
アダマールウォーク　120
アダマールゲート　119
エルミート　61
オイラーの公式　12, 31
折り返し　77

○か 行
外積　82
外積による回転公式　89
カイラリティ　119
可逆　61
逆行列　61
逆元　10
共役　9, 17, 61
共役転置　61
共役複素数　9
極形式　12, 29
虚数単位　7
虚部　9, 17
グローヴァー行列　97
固有多項式　101
固有値　101
固有方程式　101

○さ 行
四元数　15
四元数量子ウォーク　119
指数法則　12
実部　9, 17
射影子　74, 88
振幅　120
正規　61
正射影　74, 88
正則行列　61

絶対値　9, 18
線形結合　72
線形独立　72, 82
相似　24, 63

○た 行
単位四元数　18
単位複素数　10
単位ベクトル　71
直交　73, 81
転置　61
同値関係　24, 63

○な 行
内積　9, 17, 72, 81
長さ　72, 81
ノルム　72, 81

○は 行
左固有値　102, 121
複素数　7, 15
ベキ零　112
ベクトル積　82
偏角　12

○ま 行
右固有値　102, 121
右手系　82

○や 行
ユニタリ　61

○ら 行
量子ウォーク　119
ロドリゲスの回転公式　89

著者略歴
今野　紀雄（こんの・のりお）
　1982 年　東京大学理学部数学科卒業
　1987 年　東京工業大学大学院工学研究科博士課程単位取得後退学
　2005 年　横浜国立大学大学院教授
　　　　　現在に至る
　　　　　博士（理学）

編集担当　太田陽喬（森北出版）
編集責任　上村紗帆・石田昇司（森北出版）
組　　版　ウルス
印　　刷　エーヴィスシステムズ
製　　本　ブックアート

四元数　　　　　　　　　　　　　　© 今野紀雄　2016

2016 年 12 月 5 日　第 1 版第 1 刷発行　　【本書の無断転載を禁ず】
2019 年 8 月 30 日　第 1 版第 2 刷発行

著　　者　今野紀雄
発 行 者　森北博巳
発 行 所　森北出版株式会社
　　　　　東京都千代田区富士見 1-4-11（〒102-0071）
　　　　　電話 03-3265-8341 ／ FAX 03-3264-8709
　　　　　https://www.morikita.co.jp/
　　　　　日本書籍出版協会・自然科学書協会　会員
　　　　　JCOPY ＜（一社）出版者著作権管理機構　委託出版物＞

落丁・乱丁本はお取替えいたします．
Printed in Japan／ISBN978-4-627-05441-7